NF文庫
ノンフィクション

間に合った兵器

戦争を変えた知られざる主役

徳田八郎衛

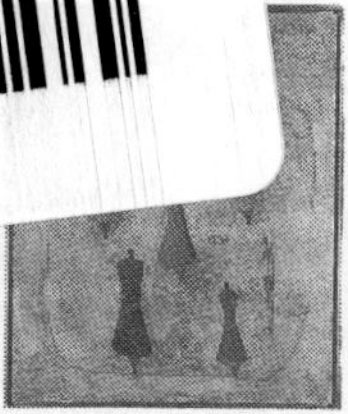

光人社

はじめに

二年前に『間に合わなかった兵器』を著した時、少なからぬ読者から「間に合った兵器」についても知られざる史実を掘り起こして欲しいという要望を頂いた。望外の喜びであったが、これは大変な仕事である。というのは、「間に合った兵器」は余りにもよく知られているからだ。

昔から兵器開発にしろ作戦にしろ企業の事業にせよ、失敗したものについては誰も「生みの親」として名乗りでないのに、成功したものだとワンサと「生みの親」や「育ての親」が現われるという。「間に合った兵器」には救国の兵器となったものも多いから、すでに多くの「親」によって語り尽くされ、さらに多くの崇拝者によって調べ尽くされているに違いない。今さら掘り起こす余地があるだろうか。

だが多くの読者からも指摘されたが、技術戦史に対する関心が年齢に関係なく広く存在するにもかかわらず、日本での技術戦史の研究は欧米に比べてまだまだ低調である。これをもう少し活発にしたいという生意気な気負いが、あえて「間に合った兵器」を刊行させることになった。

歴史家ピーター・パレットが『現代戦略思想家の系譜』で述べているように、過去も現在も戦争というものは全面的な軍事現象であったことは一度もなく、政治、技術から極限状態に置かれた人間の感情までの多くの要素の複合物である。だから戦史といっても、どの要素をフィルターとして研究するかで趣が異なってくる。学術的な戦史研究の主流は戦略や政略だし、一般的な戦史研究の対象は人物で、後世への教訓として彼らが行なった状況判断の適、不適を厳しく評価することが多い。

戦略や人物だけでなく技術をフィルターとする戦史研究があってもよいはずであるが、あまり専門的になると武器史となって一般の戦史家の仲間に入れてもらえないようだ。これは日本の歴史研究の中でまだ技術史が正当な位置付けを与えられず、産業史や経済史の一部とみなされていることとも無関係ではないが、われわれ技術者にも責任があるのではないだろうか。

技術者は自分の専門領域においてさえも歴史には無関心なことが多い。自然科学系の数ある学会の中で分科会に「専門技術史」を設けているのは、土木学会を含めてごく少数である。もっとも技術戦史といっても純工学的なものばかりではない。もともと防衛工学そのものが都市工学や交通工学と同様に社会科学に近い側面を持っている。「学」ではなく現実の国際政治の場でも技術と軍事、国家安全保障との関係がますます密になってきたし、防衛政策や産業政策においても防衛産業の維持育成、国有国営兵器工場の効用と限界などは急迫した話題となっている。

だから戦史の世界においても、技術と戦術、戦略、政策との深い関係がもっと取り上げられても良いのではなかろうか。

本書の最終的な狙いは、戦史に興味のある読者には技術の理解を、防衛技術に関心のある読者には戦史への興味を深めていただくことにある。手近な狙いとしては運用と技術の複雑な関係、とくに技術研究に比べて余り認識されていない運用研究の重要性を理解していただくだけでも十分だ。

したがって本書のフィルターの一つは、専門的な技術ではなく運用と技術の結合ぶりである。電波の発生や飛行の実証といった科学技術史に残る画期的な発見や発明が行なわれると、技術すなわちシーズ先行の開発となって無線通信や軍用機が直ちに後を追って出現する。しかし、これは稀なケースで、一般には必要性すなわちニーズが先行する開発形態であり、また、そうでないと莫大な開発資金の投資が認められない。

そのニーズたるや国ごとに、同じ国でも運用構想が異なると構想ごとに、また異なってくる。正しい少数者が多数意見を説得できた国とできなかった国の違いを探るのも、フィルターの一部である。

もう一つのフィルターは、各国の工業水準、すなわち兵器だけでなく民需品も含めた製造技術水準である。第二次大戦までは軍事技術が民需技術を引っ張るスピン・オフの時代、現代はその逆のスピン・インの時代と単純に区分した講釈は少なくないが、戦車の砲塔にしろ戦闘機の引込脚にしろ、国ごとの工業水準を無視した開発はできなかった。

第一章のドイツ快速戦車物語は、まさに運用研究の重要性と後進国が急速に質も量も充実させていく事例の研究である。第二章のハリケーン物語は、知る人の少ないハリケーンの活躍と英本土およびマルタ島防空戦が主題であるが、語り尽くされたパイロットの英国魂だけでなく、ハリケーンの高い生産性や生産実績にも焦点を当てている。電子戦での英独の科学戦は残念ながら割愛した。

第三章は、あまりにもよく知られた日本の海軍航空と零戦に代わって陸軍航空と隼を取り上げ、日本の航空機技術の急激な成長ぶりと世界でも稀な「航続力に富んだ軽戦」が求められた背景を探る。第四章は「知られざる間に合った兵器」となった米海兵隊の上陸用舟艇の開発史であり、民需品を改良して兵器に造り換えたという事例からも無視できない史実の研究である。第五章は、よく知られたレーダーの開発史と余り知られていないペニシリンの開発史を、米国と英国すなわちアングロサクソン国家連合による世界初の軍事科学協力として捉えた上、どうやって間に合わせたかに焦点を合わせて記している

なお当然のことながらドイツでは当時も今も英本土防空戦《バトル・オブ・ブリテン》という表現は用いないが、これは日本でも定着した表現なので、ドイツ側から見た記述においても、これを使用した。

また日本陸海軍機の制式名称は当時の正式呼称に従っているが、兵器については二〇ミリ機銃（海軍）も二〇ミリ砲（陸軍）と陸軍流に統一している。発動機は現代風にエンジンと表現し、長い企業名も「三菱」「中島」のように略記した。陸軍機の機体番号のキ-27、ソ連戦闘機I-16といった表記法も簡略化してキ27のように表わしている。

一九九五年八月

徳田八郎衛

間に合った兵器——目次

写真提供／雑誌「丸」編集部
毎日新聞社
米国立公文書館
三面図／鈴木幸雄

間に合った兵器

第一章　電撃戦を可能にしたドイツ快速戦車

1　新装備と新戦法の見事な結合

戦史上唯一の電撃戦

かつて英空軍に勤務し、のちにジョン・ル・カレと並ぶスパイ小説の巨匠、あわせて軍事技術の発展にも詳しい戦史家となったレン・デイトンが、可能なかぎり当事者の報告や証言を引用して書き上げた大作『電撃戦――ヒトラー出現からダンケルク陥落まで』を出版したのは一九七九年であった。そこでデイトンが強調したのは、「戦史上唯一の、そして本当の電撃戦」は一九四〇年五月、ドイツ軍がアルデンヌの森を突破してダンケルクへ殺到するまでのわずか二〇日あまりの戦闘に過ぎないという事実だった。ところが当時の新聞や雑誌を読み返すと、一九三九年九月にドイツ軍がポーランドを席巻するや、あっという間に電撃戦という言葉が世界に蔓延したことが分かる。

表1　1940年における各国の速度別戦車保有数

	英　国	フランス	英仏総数	ドイツ
高速戦車（時速40キロ可能）	334	921	1255	3227
中速戦車（時速30キロ以下）	156	1031	1187	0
低速戦車（時速20キロ以下）	100	1485	1585	0

短期間で東部戦線に片《かた》をつけ、空っぽにしたままの西部戦線へ戦力を振り向けるという大バクチ作戦が見事に成功したので、賞賛の意を込めて、あるいは憤慨する自国民をなだめるために「電撃戦」が安売りされたのは事実だが、デイトンは、鉄道網に沿って侵攻計画や補給地点が決定されたポーランド戦などは、前世紀的な包囲殲滅戦であって電撃戦ではないと看破している。

散在する敵の防衛拠点を機甲部隊が分散して撃破して回るのではなく、回避するのが本当の電撃戦であった。その戦法や教義を発展させたのは第三帝国国防軍ハインツ・グデーリアン将軍であったが、その根源はプロシアの速戦即決の軍事思想だった。小国プロシアとしては長期戦は是非とも避けたかったし、ドイツ帝国になっても依然として資源に乏しいドイツは英国やフランスが戦争に介入して海軍力で後方補給線を遮断するのが重大な脅威だったから、なおさら回避したかった。

その「本当の電撃戦」となった北フランス侵攻作戦において、戦車が「間に合った兵器」だったことは案外知られていない。ドイツ戦車の質や量については、一九三〇年代になってドイツが再軍備を開始してから着々と準備され訓練されてきたと見做されることが多い。ところが実態は、バトル・オブ・ブリテンを闘い抜いた英国のハリケーンやスピットファイアと同程度の滑り込みであった。ポーランド戦では主力となったが、本来は

「つなぎ役」のII号軽戦車、フランス戦となってもまだ少数ではあったがセダン国境陣地突破の中核となったIII号、IV号戦車は、どれも世界一の快速戦車だった。火力では劣るが、その欠点は急降下爆撃機が補った。

表1は重戦車、中戦車といった分類ではなく、速度から分類した英国、フランス、ドイツの戦車保有数である。

渡河訓練中のドイツ軍II号戦車。ポーランド戦の主力となった戦車で、機動力が大きく貢献した。西部戦では、火力(20ミリ砲)の不足は快速と空軍との協同作戦で補われた。

北フランス侵攻作戦にドイツが成功した最大の要因が「前進速度」であったことは、多くの戦史家の認めるところである。アルデンヌの森を突破してミューズ川を渡るまでに三日かかったが、グデーリアン将軍率いる第一九軍団は英仏海峡までの二四三キロを八日間で突進する。一日で九〇キロ進撃した日さえあった。ダンケルクで英軍を殲滅する機会を失ったのは、ゲーリングが空軍の出番を与えてほしいとヒトラーに迫ったためであり、翌々年の北アフリカ作戦や大戦末期のアルデンヌ攻勢作戦（バルジの戦い）のような戦車の燃料切れではない。

これらの戦車は将来戦の優れた予測と自国の軍事戦略への適合性から生み出されたものだが、ヴェルサイユ条約に基づく厳しい戦車禁制により、その開発は周囲の国々よりも大きく立ち遅れていた。どのようにして開発から数年間で電撃戦が実施できるようになったのか、日本も含めて世界の師匠であった戦車先進国フランスの状況と比較しながら振り返ってみたい。

容易ではない将来戦様相の予測

将来戦の様相を正確に予測するのは、自国の兵器体系や軍備の量、ひいては軍の組織まで左右する重要な課題であるが、並大抵のことではない。戦がすんでから、戦史家たちがよってたかって立案者や方針決定者の誤りを指摘するのはいともたやすいが、国情や地形にも左右される将来戦の様相を的確に予測し、限られた財政の中で優先度を決めて兵器体系を改め兵器を更新するのは至難の技である。

日本陸軍のように北満の国境地帯でソ連軍と相見えるという想定の下に乏しい国家予算でなけなしの兵備を整えたのに、「国策の都合」で主戦場は急に南方の島々に変更されるという悲劇もある。

将来戦が何によって、どう変化するかといえば、兵器の進歩に左右されるところが大きい。

レーダーのような、まったく新しい兵器が登場する場合はもちろんのこと、既存兵器の性能や能力が格段に向上するだけでも戦術や戦法が革命的に変化する場合がある。

だが人為的にはコントロールできない自然現象の予測ではなく、自分たちの決定も世界の軍事環境に影響を与えていくのだから、この作業は予測というよりも見積もりである。そして技術の見積もりに止まらず、新技術が及ぼす影響の見積もりにも及ぶ。最近の用語ではテクノロジー・アセスメントだ。これは運用も技術もよく理解して洞察力に富んだ英才の集団でないとできない課題であるし、その英才たちの立案を首脳部が採用するか否かが厄介な関門となる。

技術が日進月歩だからといって、湾岸戦争のようにやたらに新しい兵器が活躍するとは限らない。たとえば一九八二年のフォークランド戦争では、上部構造物にアルミを使って艦を軽くした英国自慢の新鋭駆逐艦は簡単に燃え上がった。陸海軍と比較すれば、はるかに勇敢に闘ったアルゼンチン空軍機からの対艦ミサイル「エグゾセ」によるものだが、これとても一九六八年、第三次中東戦争でお目見えし、イスラエル駆逐艦「エイラート」を撃沈した「スティックス」の同類であり、アルゼンチンが保有していることも良く知られていたから新兵器とはいえない。

そしてアルゼンチン軍が集結する東フォークランドのスタンリーを避けて西海岸へ上陸した英陸軍は、完全装備のまま徒歩でスタンリーへ向かった。かつての日本陸軍の行動とまったく変わりはない。それまでの歩兵部隊になかった装備といえば暗視装置ぐらいであった。

体験が異なれば主張も異なる

このように将来戦の様相を見積もるのも、それに基づいて兵器や戦術を改革するのも実に難しいものだが、その実施に必ず抵抗する一派が現われる。単なるノスタルジアの場合もあれば、機関銃の普及とともに滅びていった騎兵が抵抗したように、それぞれの既得権擁護や勢力維持のための反対もある。

また、そんな新戦術や新戦法、あるいは新戦略は害が大きいからとして、その構想そのものに反対する場合もある。レーガン政権がＳＤＩ（戦略防衛構想）を提唱した際にも、「実現するはずのない計画への無駄な投資」と決めつける反対論と並んで「実現すれば有害」という理由からの反対論も少なくなかった。

だが、もっとも手強い反対論は、たとえ「軍人は過去の戦場で戦いたがる」と批判されようと「蛙の面に水」で受け流し、過去の経験、それも勝利の経験に基づいて新兵器やそれがもたらす新戦術、新戦法を否定するものであろう。ところが改革論者といえども、自己の体験や戦史研究で得られた知見から逃れることはできない。そこで経験の違い、あるいは経験の解釈の違いで各々の主張が激しく対立することもあるが、同じ国民として体験の共有度合いが大きいと少数意見を抹殺して、最大公約数的な多数意見にまとまる場合もある。

その典型例が砲兵全盛の第一次大戦に新しい芽を出した戦車の将来像をめぐる国ごとの対応の違いである。やはり新しくデビューした航空機に求められる機能も、気球に代わる偵察から連絡、空中戦闘そして爆撃と変化していったが、戦車ほどには国別の大きな相違は生じなかった。

2　対照的だった仏独の戦車への対応

防御有利と見たフランス

将来の戦車を、砲弾の破片や機関銃に安全で、砲弾が直撃しない限り破壊されない歩兵先導車、あるいは敵の機関銃陣地を破壊する移動装甲砲兵と見るのか、かつての装甲騎兵のように機動戦を挑む武器と見るのか、各国の見解はさまざまであった。英国にはフラー、フランスにもドゴールという戦車の将来性を説き、独立した機甲部隊の運用を強調する論客はいたが異端者扱いであり、英軍でもフランス軍でも戦車は歩兵に随伴する補助兵器に留められた。その裏には、第一次世界大戦において優勢な砲兵火力を背景に独軍の執拗な攻撃を何とか食い止め、防御に成功したという自信が満ちている。

事実、西部戦線での交戦データは防勢有利の証拠を示している。一九一六年二月から六月までベルダン要塞に必死の攻撃をかけたドイツ軍は、ついに五〇万人の損害を受けて断念する。フランス軍の損害も三〇万人。その直後の七月、こんどは英仏軍がソンムで攻勢に出るが双方の損害はドイツ軍四五万人に対し英軍四〇万人、フランス軍三〇万人。これまた防者の方が少ない損害で陣地を確保した。攻撃側がもっと損害を受け、しかも成果を得られなかったのが一九一七年四月のエーヌ会戦である。

ベルダンとソンムでの攻勢作戦に失敗したドイツ軍は西部戦線では守勢に転じ、ジーグフリード線に退いたが、地形が堅固で洞窟陣地も多いエーヌ川沿いの陣地は死守したままであった。その四五キロ幅の前線へフランス軍は五〇個師団を投入し、得意の攻撃準備射撃二五〇万発の後、攻撃支援射撃とともに前進を開始した。だが仏反戦政治家の通報によりドイツ軍が待ち構えていたことや、ガッチリと定められた時間表どおりに前進できないこともあって、ドイツ軍六万人に対しフランス軍は一九万人の損害を出して攻撃は頓挫する。

名誉心や宗教心といった種々の要因が信念を支えるが、経験に基づく信念も頑固なものである。普仏戦争のようなぶざまな敗北は免れ、何とか国土を守り抜いた体験からフランス軍は火力に支えられた防御優先の戦略を採用する。ソンムやエーヌで、あれだけ強力な火力を集中し戦車も投入したがドイツ軍の防御戦は崩せなかった。では彼らもできないだろうと信じ、マジノ線の構築に国防予算を投入する。このドクトリンによれば、たとえ機動戦を可能とする頑丈で快速の戦車が開発されたとしても、機動戦法を採らないフランスには不要なのである。

それにペタン元帥をはじめ軍首脳の脳裏には、戦車の走行性能の信頼性が低くて前進する戦車が続々故障して落伍し、またドイツ軍の火砲で虎の子の戦車が次々に破壊された悪夢があった。おまけにフランス軍は、幸か不幸かドイツ軍の戦車軍団に戦線を突破されてパニックに陥った経験がなかった。

戦車を畏敬したドイツ

同じ現象を観察しても体験が異なり、視点が異なると違った結論が得られる。われわれ日本人は、できる限り多くの外国人を広島平和記念館に案内し核兵器の恐ろしさを理解しても

1916年、ソンム戦線で初めて戦場に登場した戦車。写真は英軍のマークIV型。ドイツ軍の前線は戦車によって蹂躙され、同様の兵器が求められた。

らおうと努めるが、「こんな強力な兵器なら、三度の食事を二度に減らしてでも開発する価値がある」と確信して離日する人がないではない。ドイツ軍もフランス軍とはまったく異なった結論に到達する。

ドイツの第一の反省は、なぜ普仏戦争のような速戦即決にならず、あれだけ多くの犠牲を払う陣地戦に引っ張り込まれたかという点である。それへの対抗策が独立運用できる機甲部隊の創設である。固定した陣地戦を避け、流動状態に持ち込んで決戦したい。

それに前大戦においてドイツは戦車製造をほとんど経験していない。資材に乏しいドイツは、最初から戦車の生産をあきらめていたが、第一線からの度重なる要求を断わり切れなくなる。頭でっかちで不細工なA7V戦車をシブシブ開発し、ようやく一九一八年二月に装備した。といっても敗戦までに二〇両を試験的に製造しただけである。三月には同戦車五両と鹵《ろ》獲《かく》（敵の兵器などを分捕ること）した英国戦車五両とで限定的な攻撃を実施したが、七両はすぐに故障または敵弾で擱坐《かくざ》してしまう。だから量産も運用も経験しなかったに等しい（表2参照）。

表2　第1次大戦における各国の戦車生産数

国　名	重戦車	中戦車	軽戦車
英　　国	2617	281	0
フランス	0	800	3500
ド イ ツ	20	0	0

　これに加えて英仏両軍の大量の戦車部隊に攻撃されパニックに陥った体験がある。ソンム会戦で英軍が初めて戦車が登場させた時もそうだったし、一九一八年八月八日、ルーデンドルフ将軍が「ドイツ軍にとっては今次戦争での暗黒の日」と日誌に記したアミアン戦でもそうだった。アミアン戦ともなると英仏両軍合わせて六〇〇両投入できるほどの戦力に成長していた。運用も巧妙になり、絶えずドイツ軍の後方へ侵入して師団司令部だけでなく軍司令部さえ襲撃する。戦車の専門家で戦史家でもあったフラー少将の記録によると、ドイツ兵は将校も兵士も戦車が接近するだけで、それを降伏する理由となると考えるようになっていた。

　この作戦もすべてが英仏戦車軍団に幸運だったわけではない。最初は戦場を覆う「もや」に乗じて前進できたが、ドイツ砲兵の直接照準射撃で戦車は次々と炎上し、ついに主陣地は占領できないまま、最初の四日間でその七二パーセントを失って戦力としては壊滅状態となった。一九一八年になるとドイツ軍が砲を最前線に据えて対抗する戦法が効を奏し、英国は月々の戦車生産数を越える数の損害を強いられていたという。だから十一月になると、英軍にはわずか八両しか戦車が残っていなかったし、フランス軍や米軍も似たような惨めな状態

異形なスタイルのドイツ軍のＡ７Ｖ戦車。前線からの要望により、1918年2月から戦場に投入された。運用経験も乏しく、故障が続出したという。

であった。大戦最後の週には一両の戦車も戦場に現われなかったという記録が、それを裏付けている。

だから、第二次世界大戦で連合軍側となる英仏は戦車を過小評価したが、ドイツ軍は恐怖の記憶とともに過大評価した。これは、われわれ日本人のＢ29や原爆に対する反応とよく似ている。われわれのは敵愾心、憎しみ、諦めとさまざまだったが、ドイツ人は諦めることなく同じもの、いや、もっとよいものを持つことを誓った。ドイツ軍の中堅幹部は、おしなべて連合軍の戦車こそがドイツ帝国に最後の止めを刺した恐るべき兵器であり、まさに「三度の食事を二度に減らしてでも装備する価値がある」と判断したのである。

だが一九二〇年に締結されたヴェルサイユ条約で許された一〇万人の国軍ではどうにもならず、おまけに同条約でドイツは戦車製造を禁止される。この戦車禁制によって、ますます戦車は憧れの兵器となった。戦車の価値や戦法についての研究は盛んになり続々と論文や著作が発表されていく。

3　戦車後進国から先進国に

昨日の敵は今日の友

秘密保全上の理由で農業用トラクターと呼ばれた新戦車の設計がクルップで始まったのは一九三二年であった。これが完成するのは、ヒトラーが政権に就いた一九三三年の翌年、ヴェルサイユ条約を破棄して公然と再軍備を開始した一九三四年となっていた。東洋の自動車後進国、日本でさえも一九二六年には自力で五七ミリ砲搭載の一八トン戦車を試作し、二九年には一一・五トンの八九式中戦車（軽戦車開発を狙ったのに試作品が軽戦車の基準重量一一トンを超過したため中戦車と改名）の試作、野外試験、制式制定を終えて量産に入っていた。表3は、すでに一九三〇年の時点で戦車がどの程度世界に普及していたかを示す資料である。戦車先進国のフランスや自動車大国の米国だけでなく、中小国も続々と戦車の配備を始めている状況を物語っている。

この頃、前大戦時からのドイツ航空工業（といっても実態は手工業に近いものであったが）の技術は、戦後も民間機製造に伝承され、いつでも軍用機製造に切り換える準備ができていたが、戦車については数多くの障害があった。第二次大戦後の日本で占領軍総司令部（GHQ）の命令により三菱重工が東日本、中日本、西日本各重工に分割されたように（サンフランシスコ講和会議の後、三菱のブランド使用が可能となり、各々三菱日本重工、新三菱重工、三菱

表3　1930年の陸軍戦力比較

	兵力（千人）	予備兵力（千人）	歩兵師団	騎兵師団	戦車	火砲	機関銃
ドイツ	100	0	7	3	0	710	2000
オーストリア	30	0	3	0	0	90	420
チェコスロヴァキア	165	1000	13	2	100	1286	10500
ハンガリー	35	0	4	0	0	96	1192
ルーマニア	100	700	44	4	80	1050	4500
イタリア	200	3500	40	3	150	2070	5000
ポーランド	150	3200	33	7	350	2400	10600
ソ連	563	9200	71	13	250	4500	26500
ユーゴスラヴィア	108	3500	17	2	20	800	4000
フランス	228	4500	81	9	3500	16700	35000
英国	148	300	19	2	580	1400	14200
ベルギー	90	800	24	2	50	926	4000
米国	140	300	25	6	1047	3936	35000
日本	230	1800	34	0	40	3000	21000

（注）　師団数は予備師団を含み、旅団も師団扱い。

造船と改名）、クルップをはじめ、ドイツの重工業はバラバラに解体された。これは戦車製造禁止条項以上に痛手であったとされている。

もちろんヴェルサイユ条約順守の期間においても、紙とエンピツでできる範囲の運用研究（コンピューターがなくても、ある程度のシミュレーションは実行できた）はドイツでも積極的に行なわれたが、「戦車らしき」ダミーを登場させる研究演習となると連合軍の監視がうるさいのでとてもできない。そして「戦車そのもの」でなくても、せめて「戦車らしき」ものを試作して実験をやらないと戦車の本当の強みや弱点は分からないし、シミュレーションの基礎となるデータも入手できない。そこでワイマール・ドイツが提携したのは、昨日の敵ながらも、一七世紀以来ドイツからの移民を積極的に活用して技術を導入し、ドイツへの尊敬の念が篤いロシアの後継、ソ連である。

一九二二年、イタリアのジェノアに近いラッパロで締結されたラッパロ条約によって戦車と航空機の開発、生産、運用に関する独ソ共同研究が開始された。今でいう技術研究まで始まったのである。どちらも西欧諸国から白眼視されていた国家であり、何となく最近のイスラエルと南アフリカ、あるいはイラクと朝鮮民主主義人民共和国（北朝鮮）との連携を彷彿させるものがある。

秘密の戦車試作を政府も承認

当時のドイツ首相、シュトレーゼマンが急に右傾したわけではない。かれは、西欧諸国の対ソ・対独安全保障を取り決めたロカルノ条約（一九二五年）や米国資本によるドイツ経済援助計画、ドーズ・プラン（一九二四年）を歓迎しながらも、ラッパロ条約によってソ連が没収した莫大なドイツ資産請求権を放棄する代わりにソ連のドイツに対する賠償権を放棄させるなど積極的に等距離外交を押し進めた名宰相であった。この等距離外交は、好き嫌いではなくドイツ経済界の中の、そして地域的にも異なった二つの主張への回答でもあった。

海外原料に依存する軽工業界は西欧諸国との協調を重視した。旧プロシア領内、すなわち東ドイツが基盤である。一方、石炭、鉄といったルール、シュレージェンで採れる鉱物資源で原料をまかなえる重工業界はソ連との貿易推進を主張した。ルール、ラインランドといった西ドイツが基盤である。当時、西欧諸国からつまはじきにされながらも重工業の整備を進めるソ連は、ドイツとの経済交流を何よりも必要としていた。莫大な賠償金を課せられてい

ヴェルサイユ体制下、戦車(ハリボテのダミー)との協同演習を行なうドイツ兵。条約下にあるドイツは戦車を保有できず、極秘に試作開発された。

るドイツとしても絶好のビジネスチャンスであった。

ドイツ重工業界の希望が叶って独ソ重工業交流が始まったが、それで何となく軍事交流が深まったわけではない。シュトレーゼマン政権は、はっきりと軍事安全保障にコミットメントしてラッパロ条約を結んだ。「剣を取って負けたからもう剣はとらない、英国やフランスの公正と正義感に国運を委ねる」と軍事安全保障に目をつぶるようなドイツではなかった。一九一八年秋から約一年間停戦し、講和条約の案もまだ出来上がらない「撃ちかた止め!」の状態が続いたとき、スウェーデンなどからの食糧搬入さえ英軍やフランス軍に封鎖されて乳幼児を中心に一〇〇万人に近い餓死者を出した悔しさを、ワイマール・ドイツといえども東洋の君子国のように「水に流して忘れる」ことはできなかった。

もちろん、この決定の裏にはハンス・フォン・ゼークト将軍を頂点とするドイツ国防軍ののちにノルマンディーへ上陸してくる米軍を除けば、当時もっとも完全に自動車化されていたのは英国の欧州派遣軍で、軍馬といえばポロのような遊びや式典用の馬しか飼育していなかったという。

4年後に欧州戦線へ登場する米国歩兵師団は、すべて自動車化されており、40万馬力に相当する200両の車両を持っていた。これに軍直轄の独立輸送部隊が加わるので、平均すると4.3人に1両の割合で車両があった。この補給も大変な仕事で、機甲師団は毎日74トンの、1944年7～8月における欧州戦線の全連合軍は10万トンの燃料を必要とした。

表4　各国の人口と自動車

	人口（100万人）	自動車数（100万台）	人口／自動車
ドイツ	75	2.0	37.5
イタリア	39	0.3	130.0
フランス	42	1.8	23.3
英国	48	1.5	32.0
米国	132	30.0	4.4

改革派からの、財政上の制約にもかかわらず機甲部隊創設と機動理論の導入、そして実験を必要とした熱心な意見具申があった。日本を含めた他の多くの国々のようにルノー戦車を購入したり、米国のようにクリスティー戦車を試作して自国の演習場で性能展示や研究演習をやるのなら国防省レベルの意図と政府レベルの意図の一致、すなわち承認は、まだ必要はない。何十両と整備する段階になってからの承認で十分である。

だがこれはわざわざ条

コラム①●評判ほどの自動車大国ではなかったドイツ

ドイツは自動車大国だから簡単に戦車がつくれるようになったという解説は多い。東洋の田舎、日本からの訪問者には偉大なる自動車大国に見えて褒めちぎられ、またアウトバーンの建設が欧州においても先駆的であったのは事実であるが、「大国」というのも、あくまでも相対的なものである。

表４が示すように、すでに世界一の自動車大国となっていたのは米国、そして欧州の自動車大国はフランスであった。領土併合に伴ってドイツの人口と自動車数はフランスに勝るが、自動車１台あたりの人口となるとフランスや英国よりも多く、米国とは１桁違っていた。

これは部隊編成にも残酷に表われており、北フランス侵攻の際にも、ほぼ完全に自動車化できたのはドイツ軍全体の10〜15パーセントであった、乏しいが故に自動車は一部の師団に集中させ、他の部隊は輓馬で砲や弾薬を運んだ。中国戦線へ派遣された日本陸軍と変わらない。フランス軍は、自動車総数ではドイツ軍より恵まれているのに全部隊に分散されてしまう。

約の中に忍ばせ、それも連合軍の監視の目を盗んでソ連くんだりまで出向いて行なう技術協力、訓練協力である。軍部の意思すなわち政府の意思となる軍事独裁政権ではないのだから、金のかかる機甲部隊の創設や戦車製造を、政府のかなり上のレベルで認めていたといえよう。

レン・デイトンの『電撃戦』は、戦車理論の大御所グデーリアンから電撃戦で名を挙げたロンメル（実は歩兵であった）に至る戦車信奉家たちが、ドイツ陸軍の伝統に忠実な将軍たちが次々と粛清されていく中でヒトラーの寵愛を受け、結果的には戦車を推進する勢力が拡大していく状況を豊富な資料から描き出している。それを否定するものではないが、一九二二年、まだヒトラーが政権はおろか、無名の政治活動屋だったころ、ワイマール・ドイツ政権が、軍部の提案にしたがって大きな一歩を踏み出したのは興味深い。

テクノロジー開発段階から量産性の検討

とうとう一九二四年にはソ連のウラル山脈に近いカマ川近傍に戦車学校と実験本部を設立し、試作車両の試験評価や設計技師の教育が始まった。一九二九年に試作した二両の「大型トラクター」は約二一トンの重さで七五ミリ砲の砲塔を前部に機関銃の砲塔を後部に搭載した物々しい代物で、ドイツ最初の中戦車と称されているが、後に活躍するⅢ号中戦車やⅣ号中戦車にはつながっていない。だから今でいうエンジニアリング開発ではなくテクノロジー開発の試作あるいはテストベッドに過ぎなかったが、「戦車らしき」ものを製作し、試験評価するとともに運用、技術両サイドの基幹要員の教育を行なうことができた。

ここで注目すべきことは、ドイツとソ連が得られた情報を秘密にせずに交換し、その判断だけを別個に行なったことである。軍事行動や兵器あるいは物資提供、あるいは情報提供といったさまざまな形態の軍事協力や支援があるが、技術研究を共同で実施して技術的な情報を共有かつ活用した例は歴史上にも少なく、米英間で実施されたマイクロ波レーダー開発に関する協力を世界最初の国際技術協力と記す専門家もいる。だが同床異夢でつかの間の盟友、ドイツとソ連が世界で初めて行なった共同研究の意義と成果は大きい。

とはいえ、テクノロジー開発の試作とエンジニアリング開発の試作とは大きく異なる。後者は量産される製品と同じように信頼性や耐久性、そして製造しやすさも考慮して試作するものだ。数年前に科学技術庁航空宇宙技術研究所が試作してフライトに成功したが製品にはならなかったＳＴＯＬ（短距離離着陸機）実験機「あすか」などは、まさにテクノロジー開発の試作品であった。

だから量産型の戦車についてはドイツは白紙に近い状態で試作を開始したといえる。これは仕様にあった工作機械や工具、治具（工作機械の刃物を正しく当てる役目をする道具）の製作から始まるが、治具などは仕様が変更されるとまた作り直す厄介な代物である。複数のラインで量産になると、これらの器具も沢山必要になるし、わずかの狂いがあると、規格、場合によっては性能が異なった戦車がラインから流れ出る。

大戦末期に日本の将兵を大いに悩ませたのも製品の不統一であった。熟練工員の不足と材料劣化にともなう兵器の信頼性低下だけでなく、工具を造る国産工作機械の水準が低いため製品や部品の精度がバラついて小銃から航空機に至るすべての兵器が互換性を欠き、故障した兵器同士の「共食い」さえママならなかった。そして工場側を悩ませたのは、生産性、量産性を無視した設計だった。

ソ連での秘匿実験の段階から生産性、量産性を検討していなければ、ドイツといえどもあれほど高品質の戦車を一～二年でスムーズに量産に移行できなかったと思われる。ソ連まででかけて行った設計や生産要員教育も、これを助けることになるだろう。

技術大国ドイツの本領

ドイツは技術大国であったが装甲用鉄鋼は未知の分野であった。たとえば耐弾性を高めるには焼入性が良くなければならず、それには炭素、ニッケル、クロムの含有率が高いほど良い。だが製造のためには溶接性も必要で、それには溶接部分の熱収縮に耐えるよう伸びが大きくなくてはならず、炭素、ニッケル、クロム、シリコンなどが少ないほど良い。つまり耐弾性と溶接性は成分上は相反するわけで、具体的な材質成分は各国とも秘密である。

また一般的には防弾鋼には硬くて靱性の高い材料がよいとされるが、板厚と弾型、弾種によって複雑な様相を示す。たとえば小口径弾には硬度の高いもの大口径弾には靱性の高いものが求められ、どちらを重視するかによって材質決定や熱処理要領も異なってくる。常識的には耐弾性は材料硬度に比例しそうであるが、弾心の破砕現象に関連した特異範囲があって、ある硬度になると貫通抵抗力が低下する場合もある。基本的には実験で確認できるが、詳細は血を流して戦ってきた国のみが知るノウハウである。しかしドイツは優れた表面硬化鋼を開発し、多くのドイツ戦車が徹甲弾の直撃を受けても残存できた。

製造工程も通常鋼板と防弾鋼板では大きく異なっている。通常鋼板だとスラブ状のインゴットから圧延に入り熱処理を行なって完成する。だが防弾鋼は高い均一性を要求されるので、まず太い棒状のインゴットをつくって鍛造し、均質なスラブ状の素材に仕上げていく。そして少なくとも縦横二方向のクロスロールで行なう。どうやってコストを下げ、量産可能とするかは大きな問題である。ドイツの技術者は、最初からボルトやリベットを継ぎ手に使わずに電気溶接で砲塔などの軽量化を図った。ポケット戦艦建造にも活用されたテクニックであ

コラム②●ポケット戦艦

ヴェルサイユ条約の下でドイツが建造を許されたのは排水量1万トン以下の軍艦であった。保有を認められた旧式戦艦の陳腐化に伴い、ドイツが知恵を絞って建造したのが重巡と同じ1万トンの排水量でありながら、ドイツ人の好んだ数字である11インチ砲を6門搭載し、26ノットの快速を誇る装甲艦（パンツァーシップ）であり、世界のマスコミは、これをポケット戦艦と呼んだ。1番艦「ドイッチュランド」は1933年に就役し、「アドミラル・シーア」と「アドミラル・グラフ・シュペー」がこれに続く。その11インチ砲は、どの巡洋艦との砲戦にも負けないし、その快速性は、たいていの戦艦を振り切ることができると隣国フランスを慌てさせた。

1万トンの重巡といえば8インチ砲搭載が普通なのに11インチ砲を積めた秘密は、リベットに代わる電気溶接による軽量化であった。だがその装甲厚は最大でも3インチに過ぎず、巡洋戦艦「金剛」の8インチや「フッド」の12インチには、はるかに及ばなかったし、砲の発射速度が遅いので高速目標との交戦には不利であった。ドイツ海軍もこれらの欠点を認識し、ヒトラーがヴェルサイユ条約を破棄したこともあって、最初計画された6隻の建造は中止され、建造は3隻に止まった。

ドイツ海軍のポケット戦艦1番艦ドイッチュランド。

る。

これによって継ぎ目から銃弾が飛び込む心配や直撃されたときにボルト、リベットが内側へ飛び込んで乗員を殺傷する恐れもなくなった。ロンメル戦車軍団に対抗するエジプトの英軍のもとに米国のM3中戦車「グラント」（砲塔に三七ミリ砲、車体側方に七五ミリ砲搭載、「スチュアート」軽戦車とは別物）が送られたものの、このボルトやリベットによる殺傷の恐れで士気は振るわなかったという。

英国は開戦とともに電気溶接に切り換えたが、米国が切り換えたのはM4「シャーマン」戦車の製造に移ってからであった。残念ながら日本の戦車は、敗戦までリベットを使っていた。太平洋戦争の初頭にフィリピンのリンガエン湾へ上陸したわが第四戦車連隊の九五式軽戦車（三七ミリ砲搭載、重量六・五トン）がM3軽戦車「スチュアート」に悩まされたことがある。

われの前面装甲は一二ミリなのに相手のは四五ミリなので撃ち抜けないのだ。命懸けで相手の前扉の蝶番を狙って破壊するという神業で、やっと撃退したという記録もある。己の欲せざることを敵に施したわけだ。

素人には一見何でもないようだが、最初は専門家を大いに悩ます問題がシステム兵器には数多く存在する。レーダーの揺籃期においても、導波管の接続や潜水艦の場合はそれを伝っての漏水が大きな問題だった。戦車の砲塔をグルグル旋回させるのも、簡単なようだが特殊な高度技術である。艦艇の砲塔は明治時代からちゃんと回っているから戦車砲塔を回すのも何でもないようであるが、艦艇よりもはるかに狭い車両には、それなりの難しさがあった。

現代のように転がり軸受け（ベアリング）が使用できない戦前には、砲塔旋回リングの下にコロのようなローラーを敷き詰めていくのだから、艦船の砲塔に比べると回転半径が小さいので大変である。

ここに車長と射手を乗せるスペースや砲尾のスペースを確保し、車体と台座の面をピッタリ一致させて素早く旋回させ、しかも砲撃の強力な反動に耐えさせるというのは非常に難しい。艦艇の場合は少なくとも何百トンかの船体が反動を受け止めてくれるが、戦車たるや一〇トン程度の小物である。

これに根気負けしたフランスの技術者たちはB1重戦車開発にあたり、トラクターに七・五センチ砲を搭載しただけの第一次大戦方式に逆戻りしたが、ドイツの技術者は、この技術を完成させてしまう。

ヴェルサイユ条約でドイツの戦車建造を禁止し、砲塔のない装甲車だけを許可したのは、ドイツの技術者をこの特殊技術から引き離しておくためであったが、戦車先進国フランスの方が放り出すという皮肉な結果となってしまう。

自動車から戦車へ——技術のスピン・イン

自動車技術から戦車へのスピン・イン（軍事技術が民生技術へ転移するスピン・オフの逆の転移）は、どの戦車開発国でも見られたが、とくにドイツでは鮮やかだった。今はどこでも見られる「平型」エンジン（ピストン・シリンダーの並び方が水平対向型）は、アウトバーンを走るハイウェーバスに搭載するためヘンシェル社が開発し、そのまま戦車に採用された。こ

戦車の緩衝装置

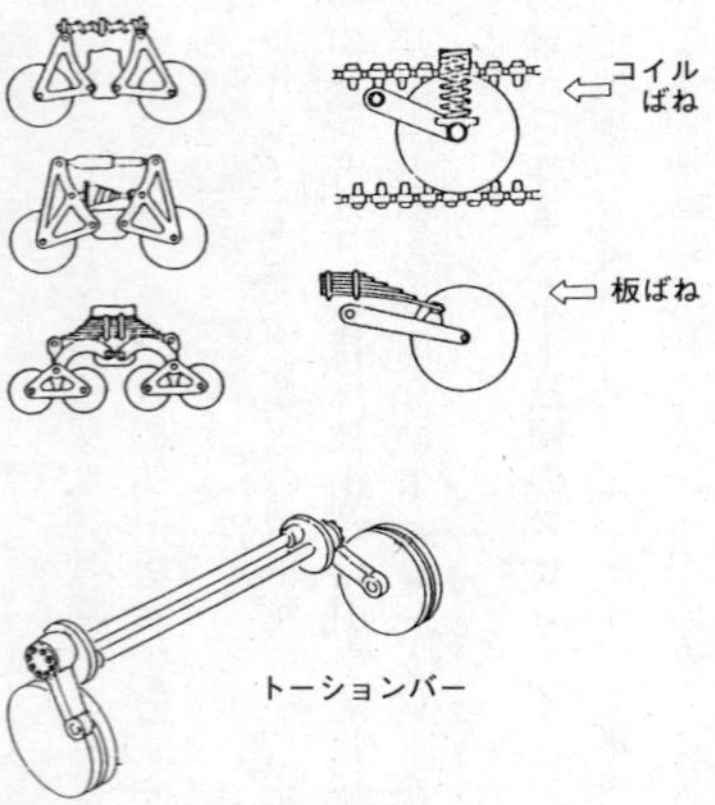

「トーション」の語源はラテン語の「ねじった」であり、鋼鉄の棒でありながらバネのように働いて捻る力を吸収する。現代の自動車ではもっぱら前輪車軸間のスタビライザーとして利用されている。

れで車高が低くなるのである。

英国が「平型」エンジンを開発して戦車に採用するのは一九四〇年以降である。なお英国は、中戦車用にディーゼルエンジンを開発するが採用しない。英国、米国、ドイツ、フランスといった「西欧諸国」は、最後までガソリンエンジンで通す。

燃費が三割もよく、火災の危険も少なく、生産性、整備性がよいディーゼルエンジンを採用したのは日本（一九三二年）とソ連（一九三八年）だけであった。だがガソリンエンジンなるがゆえに被弾した際に炎上するのではなく、搭載弾薬が爆発するか否かに左右されたと戦史資料は伝える。

戦車の運動性能や路外機動性能が誇らしげに表わされるのを見て、揺られる乗員の苦痛を想像できる人が何人いるだろうか。それを少しでも和らげるのが車体の動揺を緩衝する懸架装置での工夫である。板ばね、コイルばね、トーションバーの三方式があるが、当時は板ばねとコイルばねしか使われていなかった。そこへ世界に先駆けてトーションバーを採用したのはドイツである。

固体摩擦によって振動を軽減できる板ばねは頑丈で信頼性も高く、米国の初期の戦車をはじめ各国の軽戦車に使用されていたが、緩衝効果はショックアブソーバー機能も兼ねたコイルばねの方が優れているので、中戦車となるとボギー車輪と併せてこれを使用する国が大半であった。日本の九五式軽戦車もコイルばね方式だったが、ばねの材質が悪いので整備には苦労が絶えなかったという。

現代でも自国の工業水準に応じた生産性を重視するイスラエルだけは、「メルカバ」戦車にコイルばね式独立懸架を採用しているが、世界のほとんどの戦車はトーションバーを採用し、一部は油気圧式に移行している。

単位重量あたりの蓄積エネルギーで三方式の能力を比較すると、ほぼ一対二対三となる。それにトーションバー方式だとコンパクトになり車内に収納することもできる。したがって他国に先がけてドイツがII号戦車の後期型とIII号戦車にトーションバー懸架方式を採用したのは画期的なことであった。

これは、すでにこの方式を使用していたフォルクスワーゲン社からのスピン・インである。乗用車には使えても重い戦車の懸架に採用するには、「ねじれ」に耐え得る方策、金属疲労に対する高品質材料開発と解決すべき障害は山積していたが、それを克服したのである。日本も敗戦までトーションバー開発に努力したが未完成に終わった。

4　速度と集中の勝利

質量ともに劣勢な側が攻勢に

「電撃戦」の名で知られる半世紀以上も前のドイツ軍北フランス侵攻作戦について、ある程度は知っていると自認しても、「ドイツの戦車軍団は質量ともに英仏軍より優勢であった」と信じこんでいる人は少なくない。なかには「攻撃側は防御側の三倍の戦力が必要なはずだから」という教条主義的な理由で思い込んでいる軍事通(?)もいる。戦前のように、やたらに「寡よく衆を破る」のを痛快がったり奨励したりするのはとんでもないが、寡が衆を破る例はサラミスの海戦をはじめ歴史には枚挙にいとまがない。そしてイスラエルのように周囲のアラブ諸国に対して質量ともに劣勢だった第一次から第三次中東戦争までは完勝し、兵力以外では均衡もしくは優勢となった第四次中東戦争では逆にモタモタしたという例さえある。

ドイツの北フランス侵攻もそうだった。自分の国を守る意思を持たない側がいくら兵器だけ整備しても意味はないが、静的な数量を比較すると欧州派遣英軍を除いたフランス軍だけでも戦車や重砲はドイツ軍を凌いでいた。オランダ、ベルギー、北フランスへの侵攻が開始される一九四〇年五月十日、西部戦線に集結した兵力は、ドイツ軍の一二二個師団に対して連合軍が一四〇個師団と一〇パーセントも多く、また派遣英軍の自動車化が進んでいることもあって機動師団(機甲、自動車化、騎兵)の数は二倍に近い(表5)。これだけ見ると連合軍の方が電撃戦に適しているかのようだ。

明確に異なるのは両軍の戦車配備要領で、ドイツ軍は一〇個機甲師団だけに戦車をまとめて配備した。三個師団は二七四両と少なく、最も多い師団は四一六両と必ずしも同数ではな

ドイツ軍初期の電撃戦の主役となった戦車。上からⅠ、Ⅱ、Ⅲ号戦車。それぞれ7.92ミリ機銃２、20ミリ砲および機銃、50ミリ砲を搭載、当時の各国戦車と比較し、機動力が優れていた。

表5　1940年5月の西部戦線師団数

	機甲	自動車化	歩兵	騎兵	総計
ベルギー	0	0	21	2	23
英国	1	15	0	0	16
オランダ	0	0	1	8	9
フランス	6	7	84	5	102
在仏ポーランド	0	0	0	2	2
連合軍総計	7	23	115	7	152
ドイツ	10	7	118	1	136

（注）　師団数は予定も含む。

いが、いずれもI号からIV号（あるいはそれを補う38型）までの全車種をすべて装備している。各師団の平均は三二五両。その代わり、歩兵師団や自動車化師団にまで戦車は配属されないから、敵戦車とは火砲で戦うことになる。

これに対する英軍の唯一つの機甲師団は二八〇両と、ほぼドイツの一個機甲師団と同数の戦車を持っている。だがあくまでも「来る予定の」師団であり、実際にフランス派遣の命令が出たのは一九四〇年五月十一日、つまりドイツ軍総攻撃の翌日となっていた。フランス軍の六個機甲師団となると戦車二〇〇両装備と一五八両装備の三個師団ずつであり、ドイツの師団よりも装備数は少ない。そして残りの戦車は歩兵師団等にばら蒔かれ、ないに等しかった。

質と数はどうか。戦車総数は表1のとおりであり、ドイツ戦車の取り柄は、すべて時速四〇キロ以上の快速性だけである。うち二九〇〇両は軽戦車であり、中戦車といってもIII号基本型の武装は三七ミリ砲（登場し始めた改良型は五〇ミリ砲）、最厚装甲もわずか三〇ミリに過ぎない。一九三六年、日本陸軍九七式中戦車の要求性能を決める会議で運用者を代表する歩兵学校代表が、必死に懇願しながらも満たされなかった三〇ミリ装甲であるが、英国の歩兵支援軽戦車マークI（愛称「マチルダ」、武装は機銃のみ）の六五ミリやフランスのルノーR35軽戦車、ホッチキス35あるいは改良型39（いずれも武装は三七ミリ砲）の四〇ミリにも及ばない。最新のIV号といえども武装は七五ミリ短身砲で砲身口径比はわずか二四（東部戦線へ転用されるころ、砲身口径比四三の砲に換装）であるし装甲も三〇ミリと弱々しく、アプリケと称する増加装甲を付加したのもあった。だから当時の世界最良の戦車と評価されていたフランスのソムアS35などと一対一で戦えば勝ち目はなかった。これは玉石混交のフランス戦車集団の中では優等生であり、四七ミリ砲を搭載し最厚装甲五五ミリでありながら最高時速四〇キロ、重量二〇トンの快速中戦車で、一九三五年から配備が始まり、もう五〇〇両

英国と歩兵支援戦車マチルダ・マークI（上）とフランスの軽戦車ルノーR35（下）。両車はドイツ戦車に比べ重装甲であり、そのためIII号戦車は主砲を37ミリから50ミリに急遽、換装した。

が運用されていた。

だが武装も速度もマチマチのフランス戦車部隊は、日本海海戦におけるバルティック艦隊と同様に統一行動が取りにくく、実質的な戦力評価となるとドイツに一歩譲らざるを得なかった。

それでも快速戦車を選んだドイツ

一九三〇年代、三〇ミリ程度の装甲を数百メートルの距離から貫通できる対戦車砲が普及した。米国のブローニング社（口径一二・七ミリ）やスイスのエリコン社（口径二〇・一ミリ）の砲などは、秒速八〇〇メートル以上で発射できる。

戦車を保有する国々は、装甲は薄くても高速にするか、低速でも重装甲にするかのいずれかを選ばざるを得なかった。まず高速戦車を選んだのはソ連であり、遅ればせながら登場したドイツも同様であった。いずれも戦車をかつての騎兵のように機動的に使おうという戦術教義に基づいた選択である。英国とフランスは重装甲戦車を選び、これも「歩兵支援」「動く砲台」という彼らの戦術教義に基づいている。

日本の戦車も高速軽装甲であるが、確固たる戦術教義に基づくものではない。そもそも歩兵が自動車化されていないからドイツ軍のような機動戦を実施する力もなかった。ビルマ、フィリピン、太平洋の島々での陣地戦での戦車運用を見ると、むしろ重装甲戦車の方が効果があったが、日本の貧弱な輸送・渡河支援システムでは重量が一二トンを越えることさえ拒否されたほどであり、とても二〇トン級の重装甲戦車をつくり出せる環境ではなかった。

表6　1940年5月の西部戦線火器数

	機関銃	迫撃砲	対戦車砲	野砲	重砲	対空砲
ベルギー	3600	2268	144	390	152	600
英国	11000	8000	850	880	310	500
オランダ	3400	144	88	88	242	182
フランス	63700	8000	7800	7800	3931	3921
連合軍総計	81700	18412	8882	8882	4635	5203
ドイツ	147400	6796	12830	12830	2900	8700

一九三六年夏から翌年春まで続いたスペイン内乱にソ連、ドイツ、イタリアが送り込んだ軽戦車が、この種の高初速火砲で続々と撃破され、フラー将軍をはじめとする世界の戦車崇拝家がシュンとした時期があった。重装甲戦車が送り込まれていたら、もう少し評判を高めていたかもしれない。結果としては「戦車は歩兵の支援兵器」というフランスが採用した思想が日本も含めて蔓延するが、ドイツの軍事理論家たちは屈服しなかった。

火力と快速性、そして無線

軽量戦車の快速性だけでは虚しく戦場に屍を晒すことになりかねない。火縄銃に食い止められた武田騎馬軍団と同じ運命になる。ドイツは火力の重要性を忘れなかった。表6に見るとおり、火器については ドイツは全般に優勢である。歩兵に持たせた機関銃は二倍に近く、ついで対戦車砲は五〇パーセント、対戦車砲にも兼用できる対空砲（兼用できるよう開発したのはドイツだけ）は七〇パーセントもそれぞれ多い。そして重砲では劣勢だが機動戦に適した野砲では五〇パーセント多い。フランス軍の数量には在仏ポーランド軍の火器も含まれており、これ以外に要塞に備え付けられた重砲などの火器、そして九万梃もの自動小銃があった。だが対戦車火器という点では効力はない。この数量には質の格差は表われていないが、すべての火器においてドイツは戦車と同様に格段に優れていた。

この電撃戦以来、「戦車に対抗する最良の武器は戦車だ」という呪文が両陣営を席巻するが、戦史の記録は、敵戦車の撃破にもっとももよく寄与したのは対戦車砲もしくは、それに準じて直接照準で射撃された火砲であることを伝えている。フランス会戦での英国の戦車損耗の七五パーセントが故障によるものだったことは大きな関心を呼び、信頼性が戦車設計の重要課題となった。とくに英国の重装甲「軽」戦車は舗装道路を長時間走るのが苦手だったもようで、今日の日本のように「道路が痛むから」という理由ではなく、戦車の履帯が痛まぬよう鉄道輸送する必要があった。その点、ドイツの快速戦車は長距離走行に耐え、総合的な意味での快速性を立証した。

一九四〇年五月十日、ドイツ軍はオランダから北フランスにかけての四〇〇キロに及ぶ国境から奇襲攻撃に出た。虎の子の七個機甲師団を配属されたルントシュテット中将指揮するA軍集団はベルギーのナミュールからフランスのセダンに至る一〇〇キロ程度の狭正面で国境を突破し、戦車大集団の通過は困難と予想されていたアルデンヌの森を通り抜け、砲兵に代わる近接航空支援に掩護されながら三日後にはセダンとベルギーのディナンでミューズ川の渡河に成功する。

三個機甲師団を配属されたボック将軍指揮のB軍団は、オランダ、ベルギー正面で助攻に出た。両国を救援する英仏連合軍を北へ釣り上げ、その側面をA軍団に攻撃させるというマンシュタイン将軍の筋書きどおりの行動である。そして、約八〇キロ離れてミューズ川を越

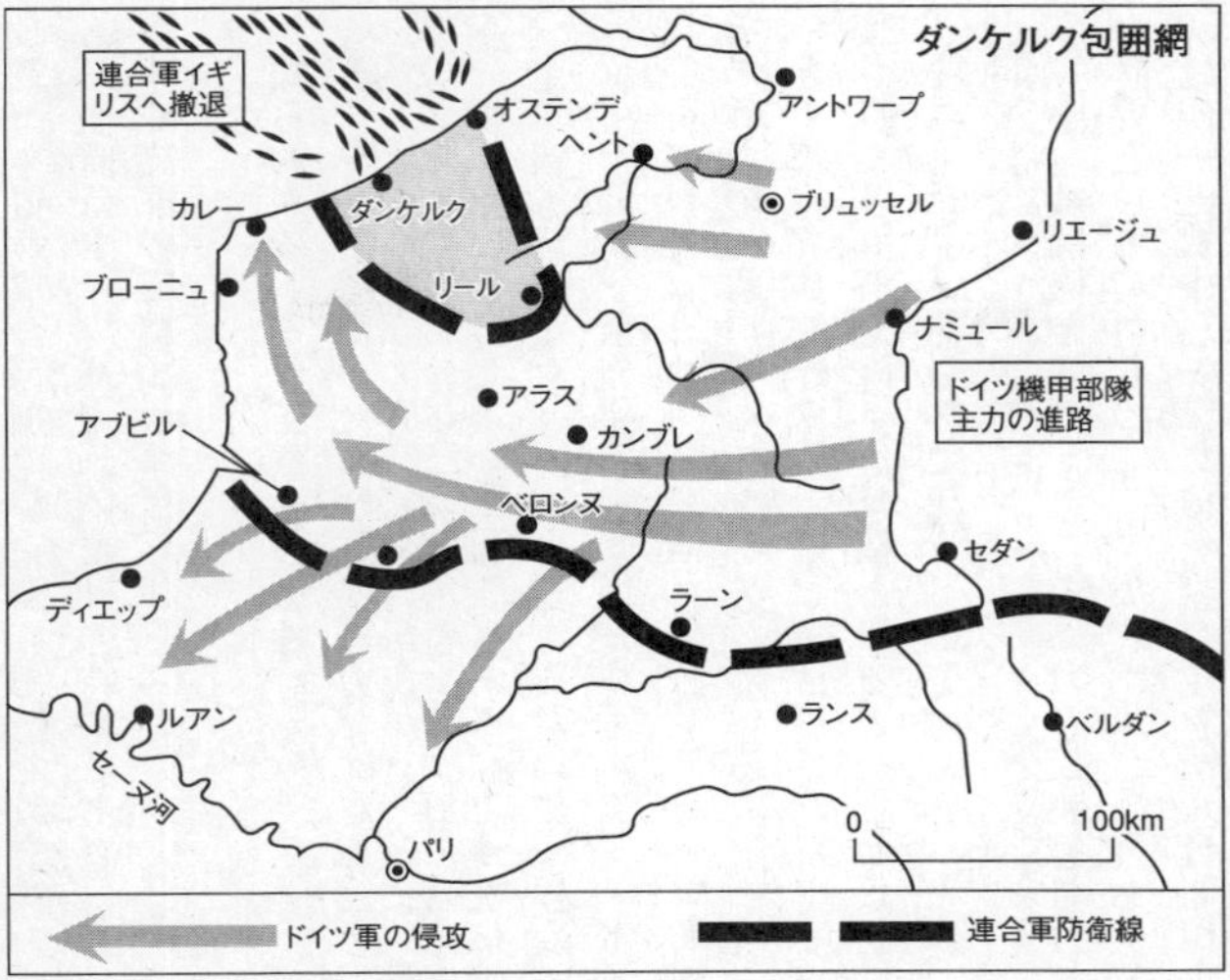

えた二つの戦車集団の進攻ベクトルが、西へ流れるソンム川沿いに合体し、英仏海峡を目指すことが分かるや連合軍は浮き足立った。

五月十九日、ドイツ軍によって包囲されたのを無線傍受で知った欧州派遣英軍総司令官ゴート子爵ジョン・ヴェリカー大将は慌てた。後方との鉄道連絡が断ち切られると補給はもちろんのこと、大規模な陣地変換のための戦車の輸送も不可能になるからだ。それでも二十一日、英軍は二個歩兵大隊、一個オートバイ大隊、そして「マチルダ」を基幹とする七四両の戦車部隊を投入してアラスで反撃に出た。駆け抜けて行く第七機甲師団の後尾を何とか断ち切ろうとする。

先頭に立っていた指揮官ロンメル少将は引き返してきた。八八ミリ対空砲を横に向け、対戦車砲として重装甲の「マチルダ」を狙い撃つ。無線が完備していて最前線の部隊が支援航空機とすぐに連絡が取れるのも、当時はドイツ機甲師団だけの特権である。直ちにユンカースＪｕ87急降下爆撃機が駆けつけて英軍の反撃は頓挫した。

知られざるドイツ空軍機の犠牲

ドイツが優勢だったのは航空戦力だけだったと、しばしば論評されるが、一方、連合軍の後方にはフランスの新鋭機がゴロゴロあり、負けた後でも生産されてくるので航空機総数はドイツ以上になったという報告もある。だが英仏両軍機に与えた損害は大きかったが、ドイツ空軍機も西ヨーロッパを席巻するために同程度の犠牲を払ったことは案外知られていない。スミソニアン航空宇宙博物館長ウォルター・ボインの報告によれば、一九四〇年四月九日に発動されたノルウェー侵攻の「ヴェーゼル」作戦からフランス降伏までにドイツ空軍は、その戦力の二八パーセントを失っている。

とくに「立体的な砲兵」として活用されたドイツ爆撃機の損害は大きかった。もっとも酷使されたＪｕ87急降下爆撃機となると一日に八回も出撃を命じられ、それも戦闘機のエスコートなしに投入されることがしばしばであったが、他の爆撃機よりも損失比率が極端に多いわけではない。

複座重戦闘機とはいうものの馬力も武装も非力で、のちの英本土防空戦ではＢｆ109の護衛を必要として笑いものになったメッサーシュミットＢｆ110は三六七機中、一一〇機を、Ｊｕ87は四一七機中、一二二機を、ハインケルＨｅ111などの中爆撃機は一七五八機中、五二一機を失った。いずれも、ほぼ三〇パーセントの損失である。名機の誉れが高いメッサーシュミットBf109戦闘機も一三六九機中二五七機と約一九パーセントを失った。もっとも大きな犠牲を払ったのは五三一機中、四〇パーセントに達する二一三機を失ったユンカースJu52輸送機である。対空砲火の待ち構えるオランダの飛行場へ奇襲を敢行したための損害が主な原因だが、これも「空陸一体化」した機動戦の勝利が無償ではないことを実証している。これらの損失に加えて四八八機の損傷を被り、ドイツ空軍機の損耗は一九一六機と全作戦機の三六パーセントに達した。

侵攻後、ちょうど二週間後の五月二十四日、グデーリアン率いる戦車兵団はダンケルクからわずか二〇マイルのブローニュを占領していた。ところが、その日シャーヴィルに進出したルントシュテット率いるA軍集団司令部を突然訪れたヒトラーは、その進撃をストップさせ、別命があるまでは現地に止まるよう直接グデーリアンに命令する。

この間抜けた命令には、あまりにも機甲部隊の進撃速度が速いので側面を突かれる恐れをたえず抱いていたルントシュテット自身の意見具申も作用しており、ヒトラーお気に入りの空軍元帥ゲーリングの「止めをさすのは空軍にやらせてほしい」という要求だけによるものではないことは多くの史家が認めている。五月二十一日、アラスで英軍の「マチルダ」戦車部隊が駆け抜けるドイツ軍の翼側を撃破しようと試みたのも上層部には衝撃を与えていた。

だが三日後の進撃命令は、「ダンケルクから一三マイルのところまで」という、さらに間抜けたものだった。ブローニュのみならず歴史的な英仏連絡の港、カレーをすでに押さえている。ベルギーから後退してくる部隊も併せて三〇万人以上の英仏軍を先鋒の機甲師団だけでの航空殲滅戦の決め手となった戦闘機については、ドイツ軍は第一線級戦闘機約1000機を投入し、連合軍もほぼ同数を投入した。ドイツ機甲部隊の速攻によって連合軍は航空機を置き去りにしたまま後退して失うことが多く、結局、ハリケーン350機、スピットファイア65機、ドボアティーヌ D520は300機が失われ、ドイツ戦闘機は約500機を失うに止まったという。

双方の戦力についても、保有機数なのか可動機数なのかによって数値は異なってくる。そして当時は撃墜による損耗とほぼ同数の事故損耗が生じていた。

1940年5月、包囲されたダンケルクの港から脱出する英軍兵士。ドイツ戦車隊の進撃は、ヒトラーの予想をはるかに超えていた。

で撃破するのは困難でも、ダンケルクへ突入すれば英仏軍は海と切り離され、脱出作戦が不能になるのは明白だった。

自信満々のゲーリングの安請け合いとは裏腹に、アルベルト・ケッセリンク率いる第二航空艦隊（航空軍と訳される場合もある）はすでに疲れはてていた。陸軍直協型の航空機ばかりなので行動半径は短く、機甲部隊の進撃に追随して基地を前進させるので

コラム③●さだかではない航空機損耗

本当に撃墜したのかという確認は敵戦力損耗の重要な手掛かりになるので、英本土防空戦の頃には英独とも相当厳密になったが、この独仏会戦の頃は、ややおおらかだったのか、航空機損耗についての数多くの報告や文献は、たがいに一致しないものが多い。フランス空軍は2000機ものドイツ空軍機を撃墜したと公式に述べているし、ドイツの奇襲侵攻によって400機もの航空機が地上で破壊されたと報告されているが、実際に破壊されたのはその半分程度であり、本当に破壊されたのはフランス軍の士気であったというシニカルな評論もある。

奇襲侵攻からダンケルク撤退までの3週間余りに英国空軍は約1000機を失ったがドイツ側はその2倍の損失を与えたという報告や、英軍のダンケルク撤退掩護だけで332機のハリケーンとスピットファイアを失いながらも1284機の損害を与えたという報告もあるし、スミソニアン航空宇宙博物館長ウォルター・ボインのように、ダンケルク撤退掩護の9日間の損失を英国空軍177機、ドイツ空軍240機と低い数値を記すものもある。

やはり控え目のレン・デイトンによると、ダンケルク攻撃に伴うドイツ空軍機の損失は156機に過ぎず、またフランス会戦

あるが、進撃があまりにも急速で設営も補給も間に合わない。そして英戦闘機隊の健闘もあって戦力が半分に低下している飛行隊も少なくなかった。ドイツ第四軍の陣中日誌は五月二十五日にこう記している。

「敵は航空優勢を保っている。この会戦では初めての体験だ」

友軍にこう書かれるようでは、止めどころではない。ダンケルク精油所から立

ち上る黒煙に妨げられて照準爆撃は難しく、英仏海峡をうずめる木の葉のような小舟艇を航空攻撃で「仕留める」ことはできなかった。その結果、みすみす三三万八二二六人（うちフランス将兵一二万三〇五九人）の連合軍将兵を英国へ脱出させただけでなく、貴重な戦闘機と爆撃機を一五六機も無駄に失ってしまう。

もっと痛かったのは熟練パイロットの損失だった。これは攻勢側の泣き所で、不時着や落下傘での離脱は、そのまま捕虜になることを意味した。連合軍側との大きな違いである。英国は九五〇機をフランス戦線で失いながらパイロットの損耗（戦死、行方不明、捕虜）が四三五人に止まっている。フランス侵攻のためにドイツ国内の訓練基地から急遽集められた多くのベテラン教官を失って、ソロモン群島での航空消耗戦で日本が苦しむのと同じ痛手をドイツ空軍は負った。つぎは英本土防空戦がそれに止めをさすのである。

第二章　知られざる防空戦闘機ハリケーン

1　スピットファイアとともに英本土を守る

配備から一年で実戦へ

英本土防空戦《バトル・オブ・ブリテン》の勝利を英国にもたらしたのは、いうまでもなく対空捜索レーダーと迎撃戦闘機の良き組み合わせであった。迎撃戦闘機の花形役者がスーパーマリン・スピットファイアであることは論を待たない。だがスピットファイアだけでなくホーカー・ハリケーンも英本土やマルタ島を守るのに「間に合った」兵器であることは案外知られていない。

ハリケーンとスピットファイアの試作機が初のテストフライトを行なったのは、各々一九三五年と三六年、最初の機種であるハリケーン1型およびスピットファイア1型が部隊配備され始めたのは、各々一九三八年一月と八月、すなわち第二次大戦勃発の一年前であった。部隊で訓練を積むとともに初期の不具合を洗い出して新兵器を戦力化するには一年というのは不十分であり、未熟なままフランス救援に派遣されることになる。

幸いなことに主力は英国に留まって訓練に励んだので、彼らにはさらに一年弱の準備期間が与えられた。というのは、大戦勃発の一九三九年は、まだ英国にとっては「まやかし戦争」の年であり、四〇年春にデンマークとノルウェー、ついでフランスの制圧に成功したドイツが一休みし、英本土へ侵攻する「海の獅子（トド）作戦」に先立ち、航空攻撃によってできる限り英空軍を叩きのめす「荒鷲の襲撃」作戦を開始したのは予定よりも半月遅れて八月十三日（「鷲の日」と呼称）になっていた。

どちらの機種も初配備から二年、あるいは二年半もたっている。だが現場の訓練生や教官にとっては決して余裕のある準備期間ではなかった。とくにダンケルクからの撤退作戦支援のため両機種合わせて三三二機を失った後の六月、チャーチルの技術顧問、フレデリック・リンデマン教授の勧告によりパイロット養成数を毎月五六〇名から八九〇名に引き上げるため、六ヵ月の戦闘機訓練課程はわずか四週間に短縮され、「最終的な技倆の仕上げは実戦部隊に配属してから行なう」という過酷な決定が下される。

その結果、幸運な若者は機銃掃射と血の洗礼を繰り返し受けながら「最終的な技倆の仕上げ」を行なえたが、不運な若者は未熟なまま撃墜されていった。ただ日本との大きな違いは、パイロットの養成には莫大な時間と経費を要することが関係者全員に理解され、パイロット一人の損失はスピットファイア八機の損失に匹敵すると認識されていたことである。また日本の場合は一九四二年八月に決定された陸軍の操縦者緊急養成計画においてさえも、年間目標は、わずか四八〇〇名に過ぎない。そのネックは教官と燃料であった。

英国民が英国の空に散った若い搭乗員たちの献身ぶりを今も語り継ぐのは、英本土侵攻を戦闘機の活躍で食い止めたという歴史的意義もさることながら、彼我の航空機は質的にほぼ均衡なのに数的には劣性で、しかもドイツ側はポーランドやフランス、古参搭乗員に至ってはスペインでの戦闘さえ経験しているのに英国側は未経験者の集団だった、それにもかかわらず義務以上のものを果たした、という感激がある。だが彼らは日本の空の戦士のように精神力だけの戦いを強いられたのではなかった。

一蹴されたグラディエイター

ハリケーンとスピットファイアの試作や配備が、もし一年以上遅れていたら、英本土防空戦の担い手は複葉単座戦闘機グロスター・グラディエイターにならざるを得なかった。最初の1型の部隊配備は一九三七年一月、木製二枚羽根プロペラが金属製三枚羽根可変ピッチつきプロペラに変わったものの、最高速度が少し向上して時速四一四キロとなっただけで武装（七・七ミリ機銃四梃）、操縦性、上昇性などはほとんど変わらない2型の配備は三八年である。

だから、これはさほど古い年代のものではなく、各々ハリケーンとスピットファイアと同じ年の初配備であるが、いかにせんエンジン出力八四〇馬力の複葉戦闘機ではドイツ空軍の花形、メッサーシュミットBf109（E1型で一〇五〇馬力、最高速度五五〇キロ／時、二〇ミリ砲二門、七・九二ミリ機銃二梃）に敵《かな》うはずがない（表7）。

ドイツとの本格的な戦いの前の一九四〇年春には製造中止となるが、それまでに五二七機

表7　戦闘機性能比較

国名	名称	型式	馬力	速度(km)	航続距離(km)	武装	配備年代
英	グラディエイター2	複葉単発単座	840	414	715	機銃×4	1938
	ハリケーン1	単葉単発単座	1030	515	740	機銃×8	1937
	ハリケーン2C	単葉単発単座	1280	545	740	20mm砲×4	1941
	スピットファイア1	単葉単発単座	1030	571	805	機銃×8	1938
	スピットファイア5B	単葉単発単座	1440	602	750	機銃×4 20mm砲×2	1941
	デファイアント1	単葉単発複座	1030	487	748	機銃×4	1940
独	Bf109E1	単葉単発単座	1050	550	660	機銃×4 20mm砲×2	1939
	Bf109F2	単葉単発単座	1200	600	708	機銃×2 15mm砲×1	1941
	Bf110C1	単葉双発複座	1050 ×2	540	1094	機銃×5 20mm砲×1	1939
伊	CR42	複葉単発単座	840	440	785	機銃×2	1939
	MC200	単葉単発単座	870	512	870	機銃×2	1939
	G50	単葉単発単座	840	473	675	機銃×2	1939

が生産され、二一六機が欧州や中国に輸出された。それでも開戦時に配備されていた三五個戦闘機中隊のうち一三個中隊はグラディエイターであり、そのうち二個中隊がハリケーン四個中隊（のちには一〇個中隊）とともにフランスに送られるが、さっぱり役に立たなかった。

猫の手も借りたい英本土防空戦においてさえも一個中隊だけを英本土に残してアフリカや地中海へ送り出される。そこで相対峙するイタリア空軍も、保守的なパイロットたちの要求で安定性や旋回性のよい複葉戦闘機がお好みだったから、グラディエイターでも務まったわけだが、これが任務につくのも一九四一年までである。

こんな代物が一九三七年にもなって何故登場したかというと、敵爆撃機に対する迎撃しか念頭になかったからである。

第一次大戦時のような戦闘機同士の空中戦は、もう起こらないだろうと考えられていた。理由は、第一次大戦時とは比較にならないほど戦闘機が高速になったからである。擦れ違うのも瞬時だから射撃しようにも狙いようがない。下手に旋回したって高速の乗機を制御できるはずがない。

英空軍で最後の複葉戦闘機となったグロスター・グラディエイター。ハリケーンやスピットファイアが出現するまでの主力機である。スピードは遅いが格闘性能に優れた傑作機であった。

これが一九三八年になっても英空軍の戦術マニュアルに麗々しく記載されている教義であった。このように、戦間期に策定された戦略構想や戦術教義が、ヒトラーが欧州帝国建設への行動を開始し兵器も変わりかけた時代になってもデンと鎮座したままなのはフランス陸軍だけではなかった。

複葉戦闘機グラディ

同様の理由で吹き曝し操縦席だったし、やはり1939年末に配備されながら初期故障でモタモタしていたフィアットG50単葉戦闘機（840馬力、473キロ/時、12.7ミリ機銃２梃）もそうだった。先進国イタリアの飛行機とは思えないが、スライドしにくいので取り去ったのだと伝える文献もある。

お粗末な風防もさることながら、イタリア航空機工業の泣き所は日本と同じくエンジンの非力さにあり、せっかく著名なレーサー設計者マリオ・カストルディの手によるMC200が登場してもエンジンは同じなので武装も向上せず、「これでは運動性に優れたCR42の方がまし」と主張する保守的な運用サイドの意見で運動性向上のための改造が続き、生産は大幅に遅れていった。G50も同様の「CR42の方がまし」の合唱で設計変更を続けて生産は遅れた。

したがって当初は時代遅れのCR42が、これまた英本土防空戦からはお払い箱となったグラディエイターと時代がかった空中戦を繰り広げたが、ハリケーンの到来で損害は続出した。また、その１代前のフィアットCR32（600馬力、359キロ/時、12.7ミリ機銃２梃）も第一線機として加わっていたが、これはグラディエイターにさえ太刀打ちできなかった。だがそれは、1935年初飛行し、スペイン内乱で評価を高めたCR32の罪ではなく、これの延長でしか次期戦闘機を求められなかった運用者の責任である。イタリアでは産業界を動員するのが日本以上にお粗末だったのも事実だが、単葉戦闘機開発は日本と同じ頃から行なわれており、実質的な敗戦を迎えるまで複葉戦闘機を使い続け、つくり続けたのは、やはり運用者の将来戦、いや現代戦への洞察の欠如によるものである。

コラム④●複葉機王国イタリア

航空機工業にしろ空軍にしろイタリアは偉大なる先進国であったのに、第一線で使える戦闘機は複葉機しかなかったのは第2次大戦の三不思議の1つかも知れない。20世紀の初頭からイタリアの航空戦思想は世界の航空戦を支配してきたし、1920年代になるとジュリオ・ドゥーエの戦略爆撃理論は軍事戦略に革命をもたらした。イタリアの設計家たちも戦間期には優れた航空機を次々と送り出し、開戦時には機体メーカーが22社、エンジンメーカーが6社もあった。そしてエチオピア、スペイン、アルバニアと、英国よりもはるかに豊富な実戦経験も積んでいた。

ところがドイツの尻馬に乗って第2次大戦に参戦した時、主力となる「新鋭」戦闘機は運用者の要求で複葉となった戦闘機フィアット CR42であった。1939年2月から配備が始まったばかりとはいえフィアット製エンジン出力870馬力、機銃2梃、最高速度440キロ/時という性能では、いくら運用者の推挙する操縦性が容易で運動性がよくて頑丈でも英国の単葉戦闘機ハリケーンには対抗できない。さらに不思議なことに、何と1943年6月まで製造が続けられ、1718機とイタリアの軍用機の中でもっともたくさん生産されている。

脚は固定だし、操縦席のスライド式風防（キャノピー）は保守的な運用者たちの「飛び出しやすいように」という要求で取り去って吹き曝しだった。1939年6月に配備され1942年7月までに1151機生産されたものの初期故障が多く、大規模な実戦参加は1940年後期のギリシャ侵攻作戦からとなった初の単葉戦闘機マッキ MC200（870馬力、512キロ/時、12.7ミリ機銃2梃）もエイターにしても一刻も早く侵攻爆撃機の高度へ上昇するのを第一の使命と考え、毎分七〇〇メートルの上昇速度を誇っていた。ハリケーンやスピットファイアにしても上昇速度は毎分七六〇メートルでさほど変わらない。第二の使命は間違いなく爆撃機を撃墜することで、それには七・七ミリ機銃が四梃も装備されているから間違いない。

こんなコンセプトでグラディエイターが登場した一九三七年七月、極東では日華事変が勃発し、日本陸軍の川崎製九五式戦闘機は中国軍のカーチス社製ホーク戦闘機と英空軍の教義にはないはずの空中戦を華北で展開した。どちらも複葉である。九月二十一日、太原飛行場を爆撃に向かう九三式重爆一四機をエスコートする九五式戦闘機八機と迎撃のホーク七機が行なったもので各々一機が失われた。

翌一九三八年早春に洛陽、西安方面から出撃する中国機の基地への航空撃滅戦が開始される。八機の九五式戦闘機が西安上空でグラディエイター三機とソ連製でこれまた複葉のポリカルポフI15戦闘機二機を撃墜し、帰途にグラディエイター四機と遭遇して全機撃墜する。空中戦の勝敗はパイロットの技倆にも大きく左右されるから、これをもって機種の優劣を結論づけるのは危険だが、九五式戦は、その名のとおり一九三五年に制式制定されて量産にはいった「先輩」でありながら、カタログ的にははるかに優れていた。

最高速度は四〇〇キロ／時で同格だが運動性は世界の一流、上昇速度は毎分約一〇〇〇メートル、航続距離一一〇〇キロもある究極の複葉戦闘機である。だが七・七ミリ機銃がわずか二梃という貧弱な武装にだけ着目すると、「よくぞ勝ちましたね」といいたくなる。

なお各国のパイロットが愛着を持った複葉戦闘機の栄誉のために付け加えると、短い旋回半径で表わされる運動性能だけでなく上昇速度も速かった。九五式戦は約五分で五〇〇〇メートル上昇したし、一九三五年、三菱製海軍九試単戦（九六式艦戦）の高性能に魅せられた陸軍が、これを陸軍向きに改造させたキ18も高度六〇〇〇メートルまで六分二六秒で上昇している。レーダーのない時代に侵攻爆撃機に押っ取り刀でスクランブルするには申し分なかったのである。

数的には貢献が少なかったスピットファイア

いうまでもなくスピットファイアは、その完成を見ぬままに世を去った天才的設計者R・J・ミッチェルがシュナイダー杯競速機の設計経験から生み出した名機で、これが格闘戦に耐えられるのかと疑われるような女性的な外観ながらも、やはり競速機の経験から開発されたロールスロイスの一〇三〇馬力エンジン（ハリケーンと共通）によって七・七ミリ機関銃を八梃も搭載して最高時速五七一キロを出すことができた。これも量産時には木製二枚羽根プロペラが金属製三枚羽根可変ピッチつきプロペラに変わっている。

同機の特徴は、根本的な設計を変更することなくエンジンと武装を強化する改造が可能だったことで（一九四一年配備の5B型で一四四〇馬力、最高時速六〇二キロ、二〇ミリ砲二門、七・七ミリ機関銃四梃、四二年配備の9型では一五一五馬力、最高時速六五六キロ）、これによって一九四一年から姿を現わしたBf109F（一二〇〇馬力、最高時速六〇〇キロ、一五ミリ砲二門、七・九ミリ機銃二梃）のみならずフォッケ・ウルフFw190（A1型で一六〇〇馬力、最高時速六二六キロ、二〇ミリ砲二門、機銃四梃）とも互角で戦うことができた。

迎撃戦闘機として設計されながらも一〇〇〇ポンド爆弾を搭載する爆撃機あるいは写真偵察機としても活躍する一方、世界初の巡航ミサイル（当時の表現は飛行爆弾）V1号を三〇〇発も迎撃し、まさに英国の救世主であった。

ジェット戦闘機の時代となった大戦後も一九五四年まで作戦に参加したが、一九三五年につくられた仕様書で設計された航空機や戦車で戦後まで活躍したものは他に例がない。そして陸上機よりもはるかに劣る艦載機をテコ入れするため、5B型を改造したスーパーマリン・シーファイアも開発された。一九四二年十一月に北アフリカ作戦に登場した後、朝鮮戦争まで戦い続けるという世界にも類のないものである。

どの戦史家も最高の花をもたせるスピットファイアであるが、数的な貢献はハリケーンに比べるとはるかに少ない。開戦時には九個中隊、「鷲の日」の頃には一九個中隊が配備されていたに過ぎず、決戦が最高潮に達した八月三十日に稼動していたのは三七二機であった。

日本の戦史愛好家が今なお、対等の性能と数量で戦った日米艦隊の海戦に興味を持つように（空戦では、時期によっていずれかが性能も数量も優勢で比較には不適当）、欧州でもスピットファイアと愛称「エミール」ことBf109をめぐる談義は終わることがない。英国の戦史研究家は概してスピットファイアを称えるが、空の戦士たちは武装の貧弱さを嘆いた。機銃を八梃も搭載したところで敵のパイロットを死傷させるか、機体の致命的な場所に命中させなければ機体に穴を明けるだけで撃墜はできない。わずか二門でもBf109の機関砲の方が有効射程が長いし当たれば爆発するから効果は大きい。英本土防空戦の際にも「砲をよこせ」と運用者は強硬に主張したが叶えられなかった。

またBf109も航続距離が短く目標上空に一〇分程度しか滞空できない場合もあったが、これは後にドイツ爆撃のエスコートに任じたスピットファイアも同じで、Bf109の燃料タンクは八八ガロン（四〇〇リットル）、スピットファイアのは八五ガロン（三八六リットル）と、むしろ少なかった。もっとも、わが零戦の場合も落下増槽で燃料を補ったとはいえ主槽は三八〇リットルともっと少ない。機体をスピットファイアやBf109よりも軽くして運動性と航続力を向上させた三菱技術陣の成果を、こんなところにも見ることができる。

スピットファイア1A（上）、同機の最初の量産型で1938年夏から引き渡しが開始された。英本土防空戦時には、19個中隊が配備につき、連日の空戦に参加する。スピットファイア5C（下）。

　信じられない話だが、少なくとも一九四〇年八月の時点では英独ともに落下増槽を装着していない。ドイツはスペイン内乱の際に試用して成功しているにもか

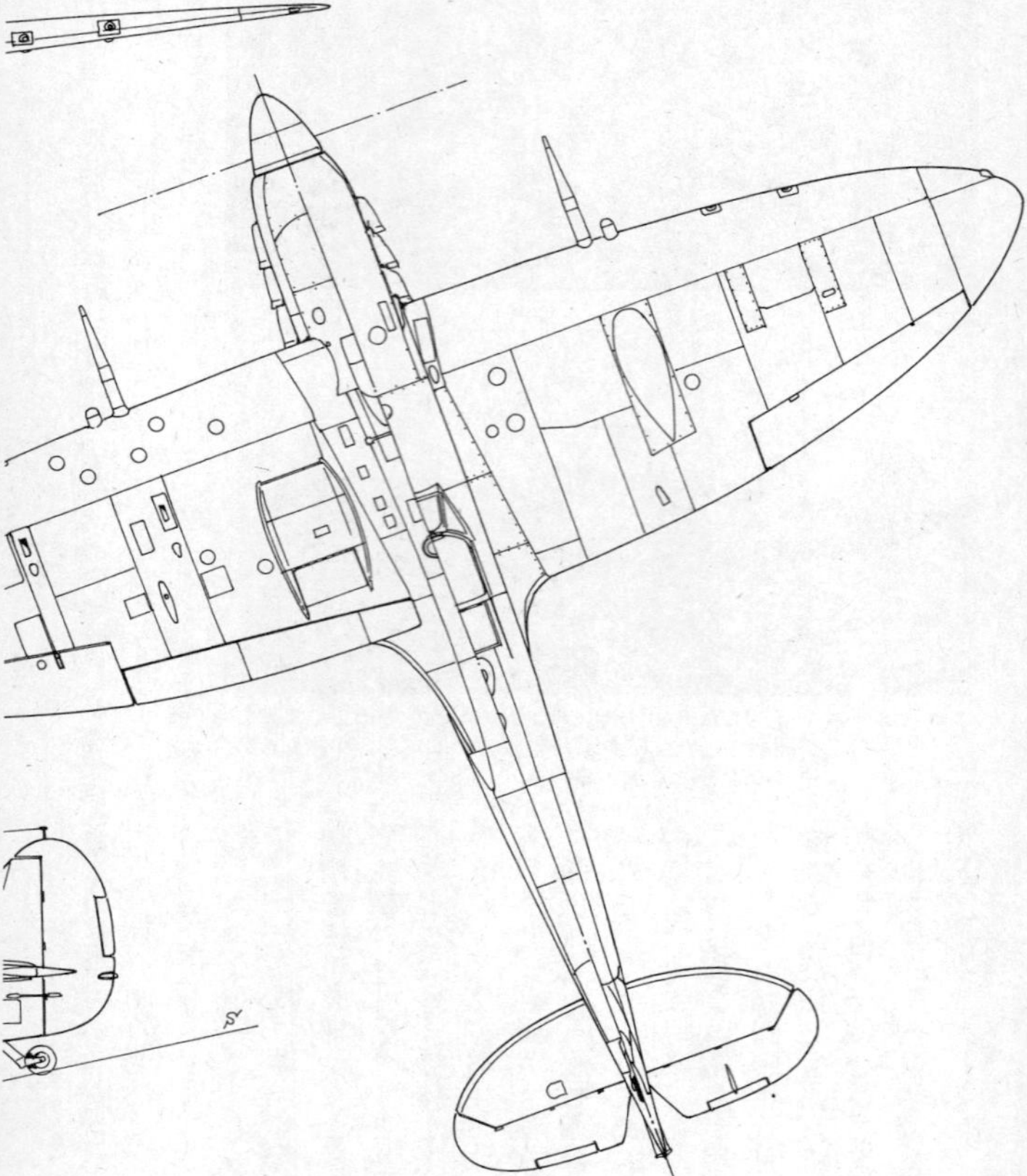

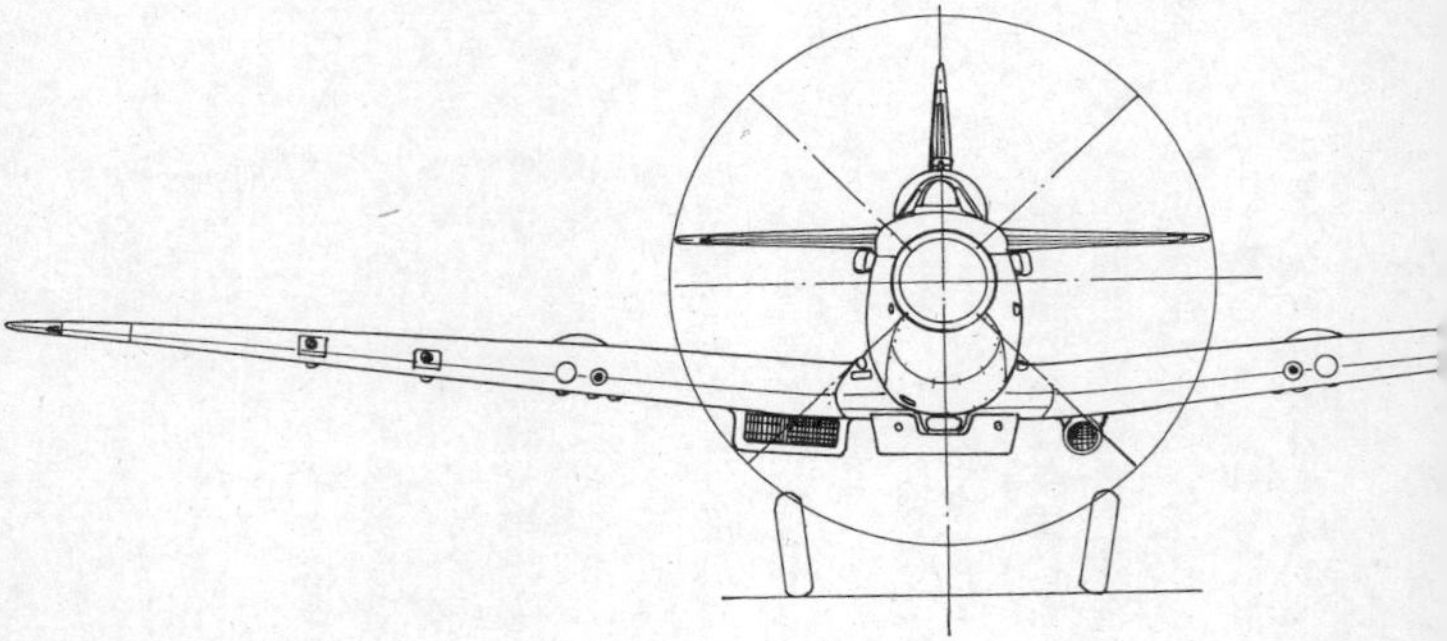

スーパーマリン・スピットファイア

全長	9.12 m
全幅	12.49 m
全高	3.47 m
全備重量	2603 kg
最大時速	587 km
乗員	1 人

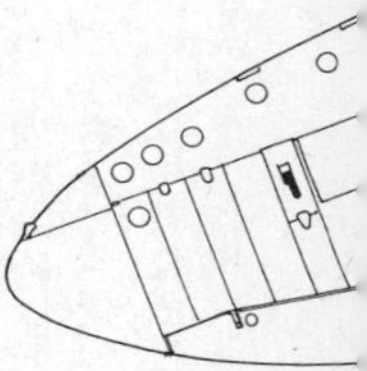

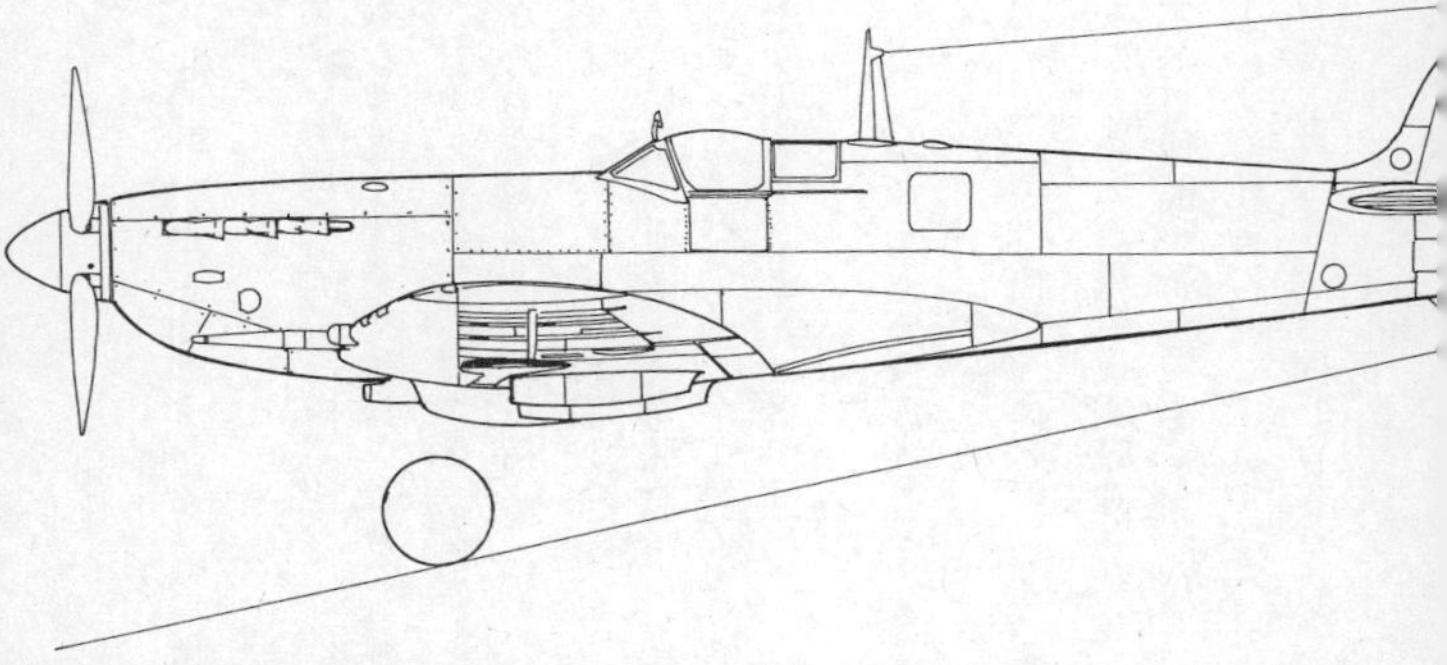

かわらず、である。ドイツ空軍のエースで指揮官であったガーラント中将（終戦時）は、「装着しておれば航続距離が一二五ないし二〇〇マイル伸びたはずなのに」と戦後の手記で悔やんでいる。

スピットファイア搭乗員に福音となったのは（もちろんハリケーンも同様だが）、英本土防空戦寸前に米国から提供されたオクタン価一〇〇のガソリンである。これは米陸軍航空隊でのみ一九三八年から密かに使用されていた。英国空軍省もエッソ社とこれの供給について交渉し、大戦勃発にともなう米国議会の戦時中立法の発動にもかかわらず政府間交渉に持ち込む。結局、援助ではなく「現金即時払い」で購入することで決着した。それまでは英独ともに八七オクタンを使っていたのが、この処置によって格闘戦に大きな差が出た。もともと航空機に大きな性能の差があれば影響は少ないが、双方がギリギリのところで競り合っていたところなので効果は大きかった。速度もさることながら、上昇率が大きく向上したという。

2　掩護部隊の役目を果たしたハリケーン

出来損ないは英国にもあった

時間的には英本土防空戦に間に合ったが、内容的には間に合わなかったのが単発複座戦闘機のボールトン・ポール・デファイアントである。四梃の機銃がすべて後部座席の銃座に集中するという奇妙な設計も災いし、一九四〇年五月に配備されたものの爆撃機に対してはともかく、戦闘機にはまったく歯がたたなかった。ハリケーンやスピットファイアと同じロールスロイスの一〇三〇馬力エンジンを搭載しているが複座なので最高時速四八七キロしか出せないのである。ドイツの双発複座戦闘機で航続距離は長いがスピットファイアとの格闘戦では勝ち目がなく、最後は地上攻撃や戦闘爆撃機の任務に振り替えられたメッサーシュミットＢｆ110Ｃと好一対であるが、Ｂｆ110Ｃの方は、一〇五〇馬力のエンジン二基で一応最高速度五四〇キロ／時は出せたのである。

ホーカー・ハリケーン1C(上)、英国初の単葉戦闘機で、当初プロペラは木製である。1935年に初飛行を行ない、大戦勃発時には約600機が就役していた。ホーカー・ハリケーン5C(下)。

　空中戦となると射手が主導権を取り、口頭で操縦手に指示を与えながら希望の射点まで機を誘導するのだが、その間に前方へ敵機が現われたら一巻の終わりである。同機で構成された第一四一中隊は、五月に配備されるやダンケルク撤退作戦に投入され、急降下爆撃機三八機を撃墜して意気が

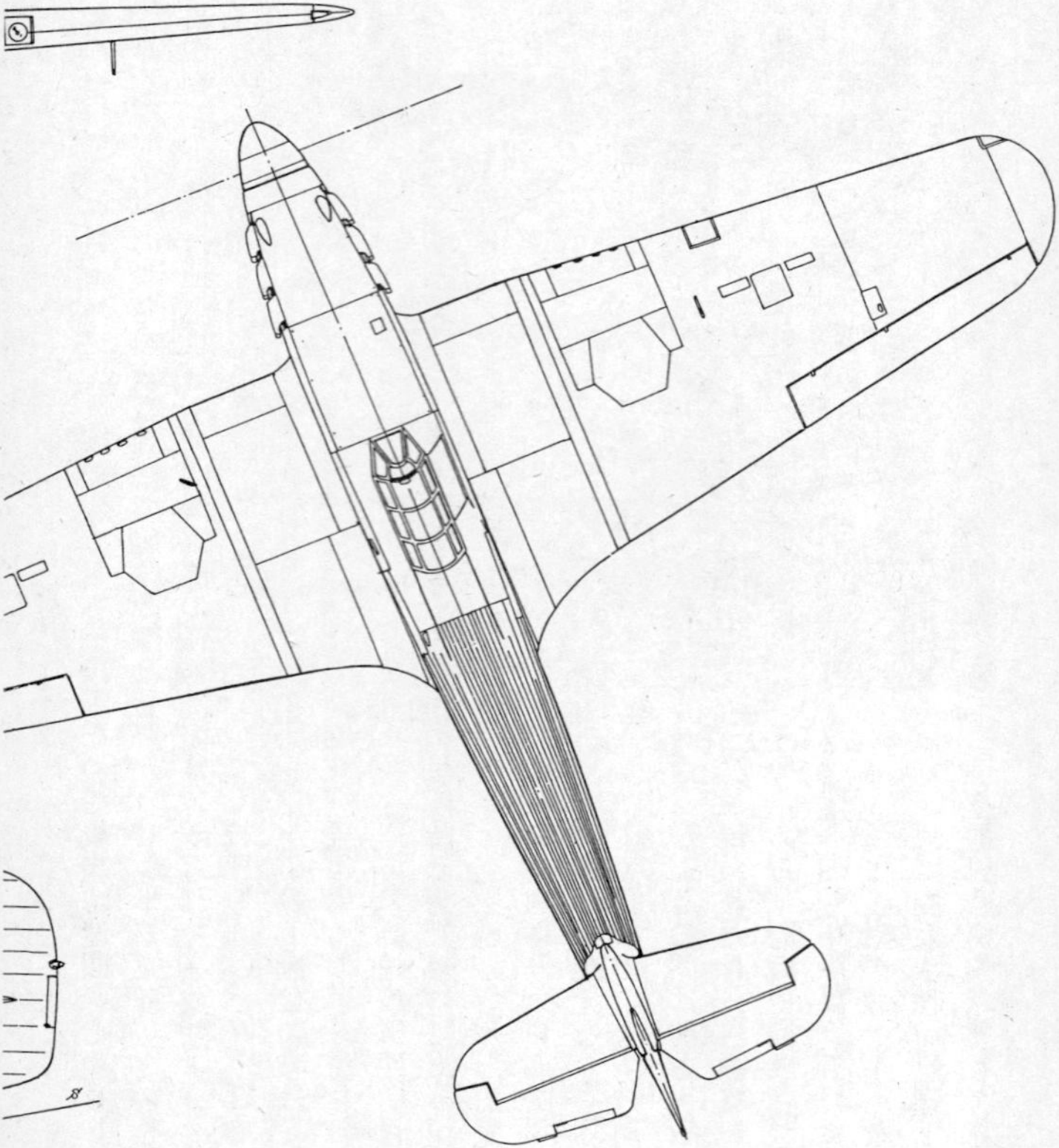

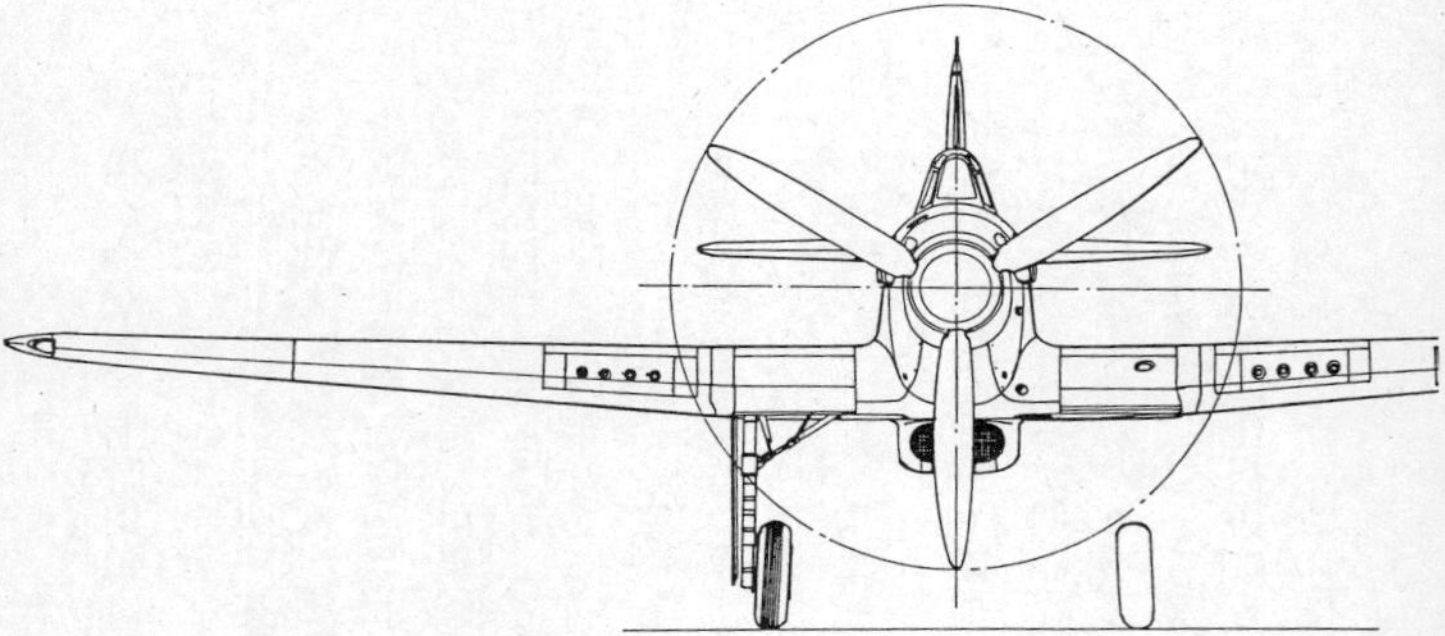

ホーカー・ハリケーン

全長	9.46m
全幅	12.19m
全高	4.00m
全備重量	3510kg
最大時速	550km
乗員	1人

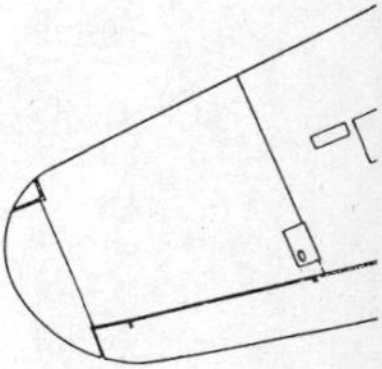

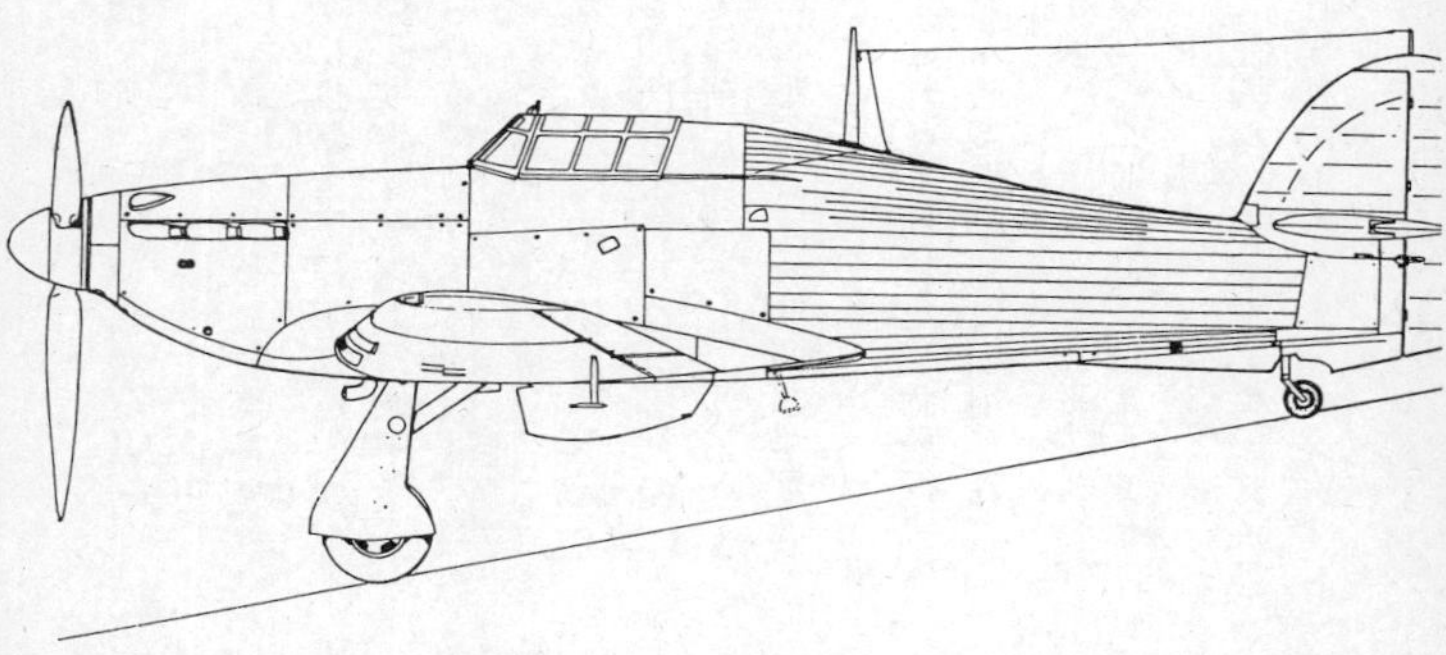

揚がったが、七月中旬に英本土防衛に舞い上がるや、たちまち九機を失って第一線から退く羽目になる。

だがドイツ空軍が、英国戦闘機隊をできるだけ多数、空中へおびき出して、そこで殲滅させる戦法に変え始めた八月下旬、双方の月間損害は、その保有機数に匹敵するほどになった。戦闘機軍団司令官ヒュー・ダウディング大将は、やむなく頼りないデファイアント二個中隊を投入するが瞬時に殲滅され、以後は夜間戦闘機としてのみ用いられる。それでも同機は一〇六四機も生産されてしまった。生産ラインを急に変更できないという好例であろう。

エンジンの非力さに悩まされた日本やイタリアには、ロールスロイス社のエンジンは垂涎の的だったが、名家にも出来損ないの子は誕生する。二〇ミリ砲を四門も搭載した英国初の単座双発戦闘機ウェストランド・ホワールウィンド（八八五馬力×二基、最高速度五七九キロ／時）である。欧州の雲行きが怪しくなってきた一九三八年十月に初飛行し、一九四〇年夏にはその強力な火力に大きな期待をかけられた一一二機が配備されていた。だがロールスロイスのペリグリン・エンジンの不調によりこれ以上は生産されず、これを受領した二個飛行隊も信頼性の低さに悩ませられた。翌年には第一線から退いている。戦闘爆撃機に転用されたともいわれるが明確な戦果はない。

ホーカー社がハリケーンの後継として一九三七年に設計開始したタイフーン（二一八〇馬力、最高速度六六三キロ／時、二〇ミリ砲×四門）も同様である。二〇〇〇馬力のエンジンを求める空軍の仕様書にしたがって新たに開発されるロールスロイス社のバルチャー・エンジンに期待したが、この開発は頓挫してしまう。そこで急遽、ネイピア社のセイバー・エンジンを採用して一九四〇年初頭には試作機が、五月には量産型が初飛行する。翌年には配備が開始されたが、直列一二気筒液冷セイバー・エンジンには機械的な故障が続出し、さらに機体の構造上の弱さも発覚した。それらの問題が解決したときは一九四二年になっており、低高度で水平飛行の際の高性能発揮を買われて地上支援の戦闘爆撃機に転用された。この後継機ホーカー・テンペストVも同様の運命を辿る。

ハリケーンやスピットファイアが長く運用された裏には、このように後継機が育たなかったから退役せずに頑張ったという事情もある。わが零戦も同様であった。

英国初の単葉戦闘機

スピットファイアの栄光に比べてハリケーンの貢献について語られることは少ない。だが、これは二梃機銃の複葉機から八梃機銃の単葉機に脱皮する画期的な機体であり、ホーカー社伝統の鋼管骨組羽布張り（機首は金属張り）という、一見古い構造方式であるが工作容易な量産性を重視して採用されたものである。スピットファイアよりもやや重い同機は最高速度も上昇速度もBf109にやや劣ったが、操縦性や運動性では優っていた。時速三〇〇マイル（四八〇キロ）の壁を初めて破った戦闘機である。その試作機が初飛行した一九三五年秋には、奇しくも後に好敵手となるメッサーシュミットBf109の試作機もテスト中だった。英独ともに引込脚を持つ低翼単葉機である。

機銃八梃という武装は、それまでの世界のどの戦闘機にも負けないものだったが、それも米国コルト社のブローニング機関銃の口径を、わざわざ〇・三〇三インチ（七・六二ミリ）からが空冷同士で戦うことになる。というのは米軍機でアリソン系の液冷V型12気筒エンジンを装備したのはP38、P39といった陸軍戦闘機だけで、ほかの海軍戦闘機からB29爆撃機までのほとんどがP&W（プラット・アンド・ホイットニー）R2600系とR2800系を装備していたからである。これらは日本には手が出ない2000馬力であり、それも世界一のモータリゼーションに支えられた高い信頼性で裏付けられているだけに、搭乗員の技倆や闘志だけでは補えない技術格差を誇示することになった。

だが英独の場合は、まさにパリティ（均衡）である。日本がB29迎撃のため必死で開発を試みた過給機を、すでに英独ともに装備していた。このパリティを崩したのは英国側のオクタン価100の「ハイオク・ガソリン」である。スピットファイアもハリケーンも出力が20パーセントないし25パーセントも向上した。そのためのエンジン改造作業の際に固定ピッチ・プロペラも可変ピッチ定速プロペラに更新され、ハイオク効果はさらに倍増されたという。

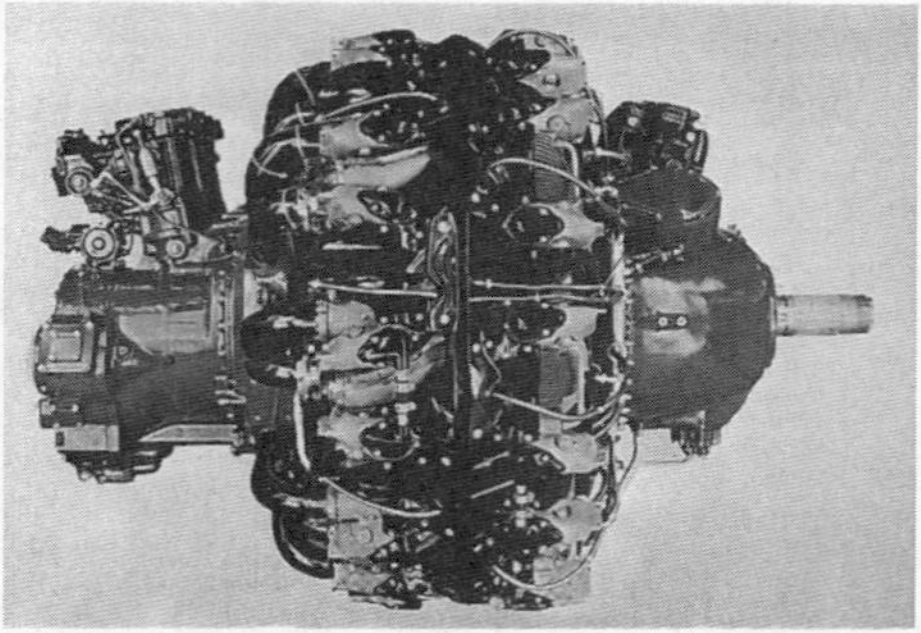

P&WR－2800－63エンジン。大戦末期、P47D戦闘機に搭載されていた。

コラム⑤●航空機エンジンとハイオクガソリン

ロールスロイス社の液冷V型12気筒マーリン（隼の一種）エンジンもハリケーンとスピットファイアとともに歴史に名を残すことになる。第1次大戦当時のエンジンは150馬力程度で液冷が主だったが、800～1000馬力に達する1930年代後半には空冷星形が台頭してきた。しかしドイツも英国も液冷が主流のままであった。ブリストル社の空冷14気筒星形ハーキュリーズ・エンジンが装備されたのは双発のブリストル・ボーファイター戦闘爆撃機やアブロ・ランカスター4発爆撃機2型とその後継となるハンドレページ・ハリファックス爆撃機程度である。

ドイツでもユンカース・ユモ200系、ダイムラー・ベンツDB600系といった名エンジンは、いずれも液冷逆V型12気筒であり、空冷星形のBMWエンジンはフォッケウルフFw189、Fw200、ドルニエ17Zといった、やや低速の爆撃機や輸送機に使用されるだけであった。

ところが一躍、空冷が脚光を浴びたのは、メッサーシュミットBf109に匹敵する名戦闘機フォッケウルフFw190Aに空冷星形14気筒BMW801エンジンが装備された時である。設計は1937年に始まり41年に配備開始された最高速度626キロ/時の名機だが、空冷星形は戦闘機に適しないとする空軍技術陣の反対をフォッケウルフ社の技術陣が説得して採用したものだが、敗戦前のFw190Dとなると、また液冷に舞い戻った。だから英本土防空戦では英独が液冷同士で戦ったといえる。

戦車エンジンにディーゼルを選んだソ連と日本は、ここでも仲良く（？）空冷を選択する。その結果、太平洋戦線では日米〇・三〇三インチ（七・六九六ミリ、通称七・七ミリ）に拡大してライセンス生産したものである。この機関銃は小型軽量なのに信頼性が高いので有名だった。最初はヴィッカース機関銃を機首と主翼に二梃ずつ装備する予定だったのを変更したものである。日本の将兵が携行型であれ航空機搭載型であれ機銃の故障に泣かされた話は尽きないが、当時はヴィッカース製といえども油断ができず、世界の最良品が求められた。

日本の零戦や隼もそうであったが、時間的余裕のある平時のお陰で十分に試験評価や設計変更を行なったものでも配備して最初から満点だったものは少ない。ハリケーンも例外ではなかった。まず前大戦の代物と変わらない木製固定ピッチのプロペラはドイツの戦闘機に比べて何よりも見劣りするもので、これによって速度、上昇率、上昇限度のどれもが制限されたが、フランス会戦に六個中隊が派遣されている頃に金属製可変ピッチ定速プロペラに更新された。これにより最高速度五一五キロ／時、上昇限度一万一二〇〇メートルといった同機1型の記録も更新される。

八梃もある機銃は四〇〇ヤード（三六六メートル）先で交差するようになっていたが、こんな遠方で狙いを付けることは難しい。またレシプロ機とはいえ秒速一七〇メートル（急降下ならさらに高速）で飛ぶ目標の背後から秒速六〇〇メートル程度の機銃弾を浴びせるのであるから回避運動されると遠方では当たりにくいし、弾が減速されて装甲板を貫通できない。フランス会戦でも英本土防空戦でも現場から強い要望があり、ようやく二五〇ヤード（二二九メートル）に変更された。

どの国でも複葉機から単葉機に移行する際には、まず設計の段階で一悶着あり、次に試作機や量産機に古参のパイロットが乗り込んで「何じゃ、これは」と違和感からケチをつけることが多い。だがハリケーンはちがっていた。初めて操縦したパイロットたちをして、「複葉機の良好な旋回性能を受け継ぎ、かつ速度が高い」と感心させた。おまけに鬱陶しい屋根のような上翼もないから視界がいい。これは現代の新装備にも共通することだが、いくらハイテク装備でも自分が装備に生命をかけるが故に保守的で、高い信頼性を求めるユーザーたちに毛嫌いされたら一巻の終わりだ。三八式歩兵銃といえば古色蒼然でローテク兵器の見本とされているが、絶えず弾詰まりになる怪しげな自動小銃よりは確実である。

その点ではスピットファイアはカッコイイ流麗な機体だったが、最初パイロットたちの評判は悪かった。こんな鼻先の長い飛行機は初めてなので、前方の障害物を確かめるため滑走路をジグザグに走るパイロットもいたし、車輪間隔が短いので強力なプロペラのトルクで機体が横に捩じられた。大空へ浮かんでしまっても高速で飛行中に機首を左右へ向けるには渾身の力が必要だった。試作機は徹底的に手直しされたが配備後も改造は続いた。

スーパーマリーン社に入社したときから「R・J」と同僚に呼ばれたレジナルド・ジョゼフ・ミッチェルは、飛行機の速度競技大会「シュナイダー・トロフィー」を一九三一年に獲得したS6・B（のちに世界最高速度六五九キロ／時を記録）を設計し高い評価を受けていたが、彼自身も大型飛行艇製造で実績のある同社（もとは造船所）も戦闘機製造の経験がなかったから無理もない。だが終わりよきもの全て良し、救国の英雄の夢を壊そうとする人はいない。

ハリアーの設計者シドニー・カムは引き続きタイフーン、テンペストを設計するが、エン

ハリケーン2Cの座席後部の構造（断面）

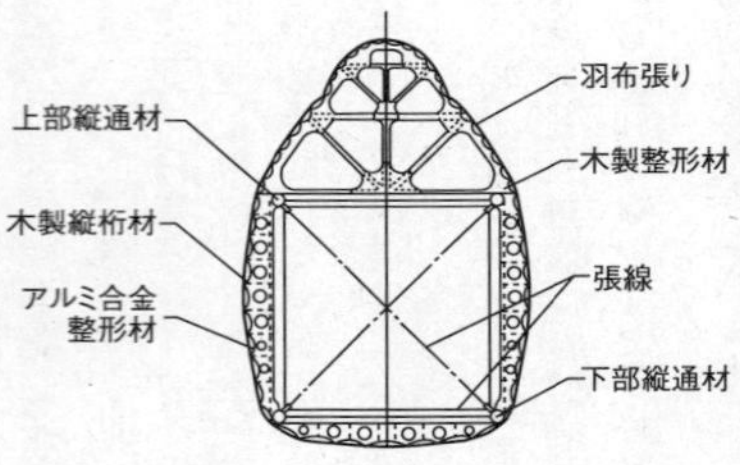

ジンに恵まれず活躍しなかった。彼はミッチェルほどには日本では知られていないが、戦後、垂直離着陸機ハリアーの設計者となる。国の財政事情で正規空母を廃棄した英国は、ハリアーなくしては一九八二年のフォークランド戦争を戦い抜けなかったであろう。

遭遇戦、防御あるいは攻撃において主力部隊の準備が完了するまで敵を拘束する任務を陸戦用語で「掩護」という。ハリケーンは、スピットファイアの数が揃い訓練が向上するまで立派に掩護部隊の役目を果たした。したがって損害も大きく、フランス会戦で失われた英軍機九五〇機のうちスピットファイアは六七機だがハリケーンは三八六機に達している。もともとスピットファイアほども空中戦を意識したものではなかったから水平速度でも上昇速度でも一歩を譲るが、ハイ・ロー・ミックスという形でスピットファイアを引き立てた。

ハリケーンとスピットファイア各四個中隊を擁する戦闘機軍団第一一集団司令官キース・パーク少将などは各々二個中隊ずつを組み合わせて作戦させ、敏捷なスピットファイアは敵護衛戦闘機にふりむけ、頑丈だが運動性にやや劣るハリケーンに敵爆撃機を攻撃させるという「分業」を行なわせている。

量産を可能にしたもの

ハリケーンは一代前の複葉機と同じ機体構造であったため、一見ヤボッタイが機械工も組立工も手慣れており、損傷した際の修理も現場の野整備隊で手早くすませることができた。

何しろ金属パイプの骨組みの上に布を張って覆うという工事現場のテントのような簡単な構造だ。スピットファイアはもちろんのこと、中島の九七式戦闘機、いや九四式偵察機でさえも胴体は全金属製モノコック構造なのに比較すると古色蒼然だが、それなりの耐久性や整備性があった。

開戦までに配備された新鋭機スピットファイア二九九機の総生産工数が二四〇〇万人・時であるのにハリケーン五七八機の方は二〇〇〇万人・時だった。一機あたりでは八万人・時と四万人・時で二倍の量産性といえる。もちろんスピットファイアも、生産数が向上した時点では量産性も高くなったはずである。なお、零戦の設計で著名な堀越二郎技師は、手作業の零戦および機械作業のムスタングP51の生産工数を各々約一万人・時および約二七〇〇人・時と推定しているが、いずれも数千機目あたりで慣熟した頃の工数である。

英国は明らかに手作業の国であるが、表8に示すように日本はもちろんのこと、ドイツも兜を脱ぐような生産実績をあげている。これがハリケーンを英本土防空戦に間に合わせた秘密でもあるし、そ

表8　各国の年別航空機生産数

国／年	1939	1940	1941	1942	1943	1944
ドイツ	8295	10826	11423	15288	25094	39275
英　国	7940	15049	20094	23672	26263	26461
ソ　連	10382	10563	15735	25436	34845	40246
米　国	5856	12804	26277	47836	85898	96318
日　本	4467	4768	5088	8861	16393	28180

れに勝ち抜いた決め手でもあった。もちろんチャーチルが議会で感謝したように、愛国心溢れた戦闘機搭乗員の奮戦も大きな要因であるが、質的、量的な優勢を無視することはできない。

ドイツ空軍情報部は、フランス侵攻やソ連侵攻の際は正確な情報見積もりを行なったが、英国に関する限り数々の間違いを犯している。その一つは英国の戦闘機生産数を五〇パーセントほど低く見積もったことであり、英国戦闘機軍団の損害を補うだけの補給が得られなかったのは、八月十三日から九月六日までのもっとも苦しい三週間だけであった。ドイツよりも約二〇〇機多い数百機のハリケーンとスピットファイアが毎月生産されたからである。一九四四年までのハリケーン生産総数一万四二三二機は、大戦後も生産され約三〇の型を持つスピットファイア生産総数二万三三五一機には敵わないが、生産期間を考慮するとはるかに多く、ソ連への供与数も約三〇〇〇機でスピットファイアの約一三〇〇機を凌いでいる。ソ連にとっても「間に合った兵器」であった。ちなみに日本でもっともたくさん生産された零戦は約一万四二五機と伝えられている。

ハリケーンにはスピットファイアほどの発展はなかったが、改造によって五〇〇ポンド爆弾を搭載したし(2型Cでは一〇〇〇ポンド爆弾も可能)、ロケット弾搭載の最初の単座戦闘機でもあった。2型Dは、四〇ミリ砲を搭載してロンメル戦車軍団を悩ませた。1型から4型までのすべての基本型に水上機バージョンがあり、民間船舶のカタパルトから発進してドイツ空軍の唯一つの長距離洋上哨戒機かつ爆撃機である四発のフォッケ・ウルフFw200Cを迎撃するのに貢献した。武装も2型Bでは七・七ミリ機銃を一二梃に増やし、2型Cでは二〇ミリ砲二門に強化された。だが主翼は別としてハリケーンは最後まで布張りのままだった。ドイツを生産機数で凌駕したが英本土防空戦に関しては十分な余裕はなかった。開戦時には四九七機のハリケーンが一八個飛行中隊で任務につき、英本土防空戦の前夜には二六個中隊、八月十五日「鷲の日」の頃には三二個中隊が配備されていた。いずれの時点でもスピットファイアの二倍に近い数である。スピットファイアの方は開戦時に九個中隊、「鷲の日」の頃でも一九個中隊である。

ダウディング大将は、英国防衛に五二個飛行中隊を要求してきたが、この二機種からなる「まともな」戦闘機中隊は開戦時には二七中隊に過ぎなかった。ようやく「鷲の日」には五一中隊となって、ほぼ要求を満たす戦力となっている。だが、その後は損耗と生産の競争であった。しかし、日本がソロモン群島とニューギニアで巻き込まれた航空消耗戦と大きく違うのは、常に損耗を越える生産が行なわれたことである。

一方、ドイツの方もこれまた手工業的な航空機生産であり、軍需相シュペールが必死に量産体制を確立した一九四三年から効果が現われ、連合軍の過酷な戦略爆撃が激しくなった一九四四年に生産数は最大の二万六四六一機となる。だが手遅れであり、もちろん英本土防空戦には間に合わない。その内容にも問題があり、「攻撃は最大の防御なり」一辺倒であった。日本陸海軍の戦術的、戦法的な攻撃偏重とはやや異なった戦略的な攻撃偏重であるが、「防御的な」戦闘機の増産に力を入れるのは自国が爆撃を受け始めてからである（表9）。

だがドイツにおいても戦力低下の最大の要因は航空機のみならず搭乗員、それも技倆の優れた搭乗員の供給が追いつかなくなったことである。表10は、ケッセリンク率いる第二航空

表9　ドイツの年別航空機生産数

機　種／年	1939 (9月〜)	1940	1941	1942	1943	1944	1945	総計
爆撃機	737	2852	3373	4337	4649	2287	—	18235
戦闘機	605	2746	3744	5515	10898	25285	4935	53728
襲撃機	134	603	507	1249	3266	5496	1104	12359
偵察機	163	971	1079	1067	1117	1686	216	6299
海洋機	100	269	183	238	259	141	—	1190
輸送機	145	388	502	573	1028	443	—	3079
グライダー	—	378	1461	745	442	111	8	3145
連絡機	46	170	431	607	874	410	11	2549
練習機	588	1870	1121	1078	2274	3693	318	10942
ジェット	—	—	—	—	—	1041	947	1988
総　計	2518	10247	12401	15409	24807	40593	7539	113514

艦隊にあって勇猛をはせ、英本土防空戦のあとも東部戦線やマルタ、リビアへ転戦した第二六戦闘航空団のポーランド侵攻、英本土防空戦の前夜および後段における航空機（Bf109E）と搭乗員の定数、実数、可動数の推移を示している。英本土防空戦の末期には航空機も搭乗員も定数に対する可動数は約五〇パーセントに落ち込み、また搭乗員の不足が深刻であることが分かる。なお第二六戦闘航空団（JG）の指揮官は、有名なガーラント少佐（のちに中将）である。

航空機生産省の設立

英国の航空機生産の凄さは、一九四〇年だけでも一五〇〇〇機という、ドイツを五〇パーセントも凌駕する実績を上げたことにある。それも米国のような機械作業ではなく手作業だ。戦後もそうだったから自動車輸出競争では、まず米国ついで日本の軍門に下ることになる。「ホンダやGMなんかは車じゃねえ」とこき下ろす元ロールスロイ

表10　ドイツ空軍第26戦闘航空団に見る航空機・搭乗員充足推移（航空機Bf109E／搭乗員）

	1939.9.30			1940.6.29			1940.9.28		
	定数	実数	可動	定数	実数	可動	定数	実数	可動
幕僚用	3/3	3/3	3/3	4/4	2/2	0/2	4/4	4/3	2/1
第1飛行隊	48/39	42/36	36/35	39/39	29/37	22/22	39/39	32/30	27/24
第2飛行隊	48/39	39/36	36/28	39/39	35/34	16/30	39/39	34/31	26/20
第3飛行隊	39/39	45/34	20/27	39/29	32/34	25/30	39/39	31/24	26/20

ス工員に当時の産業戦士の苦労を拝聴したことがある。戦時中だけはエンジン部門へ配置転換させられたが、やはり本質的には手作業だったという。

この手作業王国の工業能力をフル回転させるために政府は早目に手を打った。といっても「まやかしの戦争」時代にはチェンバレン首相では何も手を打てず、打ったのはチャーチル新首相である。彼は就任するやダンケルク撤退の指導や弱気のフランスの尻を叩くのに大忙しの中で、直ちに航空機生産省を設立した。空軍省開発生産局は空軍省から切り離されて新設省の中核となる。大臣にはデイリー・エクスプレス社主、ビーバーブルック卿が五月十四日に任命されたが、彼は日本の政治家や官僚とは月とスッポンほど異なった対応を示す。彼と新しいスタッフは空軍参謀部と直ちに会談し、三機種の爆撃機と二機種の戦闘機（いうまでもなくハリケーンとスピットファイア）の生産を九月までは最優先するという重要な決定を、発足してから二四時間以内に下すのである。英断のようだが実効性にはやや難があり、「軽視」された機種の生産ラインも急に他機種へ転換することはできなかった。結局は、指定五機種以外の戦闘機や爆撃機、さらには訓練部隊が陳情する練習機も復活してしまうが、元の木阿弥ではなかった。後で触れる英国独特の事情にも妨害されず、優先機種の生産だけは順調に進む。ビーバーブルック卿が就任した五月の戦闘機生産計画数は二六一機だったのに実績は三二五機に急増する。六月も二九二機の計画に四四六機の実績があった。

この優先政策と増産キャンペーンの成功で戦闘機の供給はダンケルクでの損失を補って余りあるものとなり、ハリケーン三〇個飛行中隊とスピットファイア六個飛行中隊は四機ずつ追加配備を受けることもできた。

チャーチル顔負けの仕事人間で、週末も夜も電話をかけまくって航空機増産の尻を叩いたビーバーブルック卿、マクスウェル・エイトケンの功績を否定する人はいないが、彼が社主を務める大衆紙デイリー・エクスプレスが自社の親分を救国の神様として褒めそやしたため、実績以上に英雄視されているという批判もある。

彼が幸運だったのは「まやかしの戦争」がだらしなく終局を迎えようとしており、これではいかんとチャーチルが挙国連立内閣を組織する緊張した時期に就任したことであろう。さすがに雨が降っても駆け出さない英国人も、祖国を覆いつつある危機に立ち向かう政府に協力する意思を固めていた。

すでに四月の戦闘機生産数も計画より約四五パーセント伸びていたから、彼の号令が決め手ではないのだという報告もある。だが四月の航空機全体の生産計画は計画一二五六機に対し実績一〇八一機と約八〇パーセントに止まっている。この枠の中で戦闘機が伸びたとすれば、前年十月に空軍参謀長の空軍大将シリル・ニューオール卿がダウディング大将の執拗な要求を認めて打ち出した攻撃と防御のバランスの是正、すなわち空軍創設以来初めて戦闘機中隊の比率が爆撃機中隊よりも多くなる方針が生産管理の方でも具現化されていたといえるだろう。

3　ハリケーンの勝利

英本土防空戦

もちろん「鷲の日」に急に空爆が始まるのではなく、七月十日以来、最初は英仏海峡の船舶、後にはレーダー監視所や飛行場への攻撃が「鷲の日」に備えて続行され英戦闘機軍団は相当の損耗を強いられていた。なお英国側の公式戦史では英本土防空戦は七月十日に始まり十月三十一日に終わっている。だから損耗の続く「鷲の日」前夜の正確な保有機数は分からないが二機種合わせてわずか七五〇機程度だ。戦闘機全部で七〇四機、二機種合わせて六二〇機という控え目の記録さえある。

ドイツ空軍最高司令官ゲーリング帝国元帥は、これを五〇〇機程度と低く見積もっていたが、英本島南半分の防空にあてる機数としてはほぼ正解だった。だが強力な権限を委任された戦闘機軍団司令官ダウディング大将は、極めて短時間で北部や南部の防空セクターから必要な飛行機を移動させることができる。敗戦直前まで日本ではできなかった全国の統一防空指揮を、二五年間のノウハウを持つ英国ではすでに実施していた。

これはドイツ機も同様だが、すべての英軍機には超短波の無線電話が装備されていたので（一部の機は混信の多い短波無線電話）、日本がようやく敗戦間際に完成の一歩手前まで漕ぎ

表11　ドイツ空軍の総保有機と可動機
（1940年8月10日）

	保有機数	可動機数
爆撃機	1360	998
急降下爆撃機	406	316
単発戦闘機	813	702
双発戦闘機	319	261
偵察機	131	78
総計	3029	2355

着けた邀撃管制システム（当時の表現では味方機誘導無線装置タチ二八号）をすでに構築していた。ドイツ側の記録では、英国側の見事な邀撃管制ぶりを無線傍受で知ったドイツ空軍将兵は大きなショックを受けている。

ドイツ空軍の方は、これが軍の、あるいは大組織の本来のやり方であるが、ブラッセルに司令部を置くケッセリンク空軍元帥の第二航空艦隊（航空軍と訳される場合もある）とパリから指揮を執るスパール空軍元帥の第三航空艦隊が自分たちの責任でやらねばならない。さらにオスロに司令部を置くシュタンプ空軍大将の第五航空艦隊も加わっているが、距離は遠いしBf109も配備されていないから戦力としての寄与は少ない。

ドイツ軍にとっては「鷲の日」こそ英本土上陸のための航空殲滅戦の始まりだが、戦史の上では英国と同様に「七月に始まる一九四〇年夏の戦い」として捉えている。この始まりには爆撃機九九八機、急降下爆撃機二六一機、Bf110二二四機、Bf109八〇五機、偵察機二三一機、旧式襲撃機三一機で総計二五五〇機を三個航空艦隊は保有していた。「鷲の日」までには損耗、補給、増援が続くが、八月十日におけるドイツ空軍の総保有機と可動機はつぎのとおりであり、英国側と同じくやや増強されているが、Bf109は横ばいであるのが分かる。ウォルター・ボインによれば、約四ヵ月の「夏の戦い」でのドイツ側の損害は一七三三機、英国側の戦闘機の損害は一〇一七機であった。

ドイツに耐えられなかったのは、すぐには補充のできない搭乗員の損耗である。自国で戦う英国の搭乗員は不時着や落下傘降下によって戦線へ復帰することも多く戦死者は五〇〇名程度ですんだが、戦死に捕虜を加えたドイツ側の人員損耗は三〇〇〇名に及んだ。

英本土防空戦でドイツ空軍の主力であったメッサーシュミットBf109E(上)とBf110C(下)。敵地上空での戦闘を余儀なくされたドイツ戦闘機隊は、機体の損耗とともに貴重な熟練搭乗員も数多く失った。中央の写真は1941年頃に配備されたBf109F。

高さ約100メートルの英国チェーンホーム・レーダーの鉄搭。ドイツ機の飛来をいち早くとらえ、迎撃機を待ち伏せさせた。

ドイツ空軍の英本土攻撃はつぎの三段階に分かれている。まず事前段階として七月から八月初旬にかけて英国沿岸地域と船舶を攻撃し、やや遅れた「鷲の日」からレーダー監視所と飛行場への本格的な攻勢が始まり、次第に南部の沿岸部から内陸部へ向けられていく。航空機工場も攻撃の対象になり、英戦闘機軍団は地上でも破壊され、供給量も低下し最も厳しい状況に晒された。この状況が長期化すれば英国は危うかったが、手違いでロンドン中心部が爆撃されたことの報復に八月二十五日、英爆撃機がベルリンを爆撃したことから流れが変わる。

九月七日、ドイツ空軍の攻撃目標は突然、ロンドンに変更され、一般市民の被害は拡大したが戦闘機軍団の機体や地上施設の損害は減少し、再び生産が損耗を越えるようになった。そして九月十五日、ドイツ空軍の二波にわたる過去最大のロンドン攻撃を二四個飛行中隊が総出で撃退した結果、英国側の損害二六機に対しドイツ側六〇機を撃墜してヒトラーに英国上陸侵攻を断念させる。爾後、この日は「英本土防空戦の日」と呼ばれるようになった。

イギリスのレーダー網の拡充

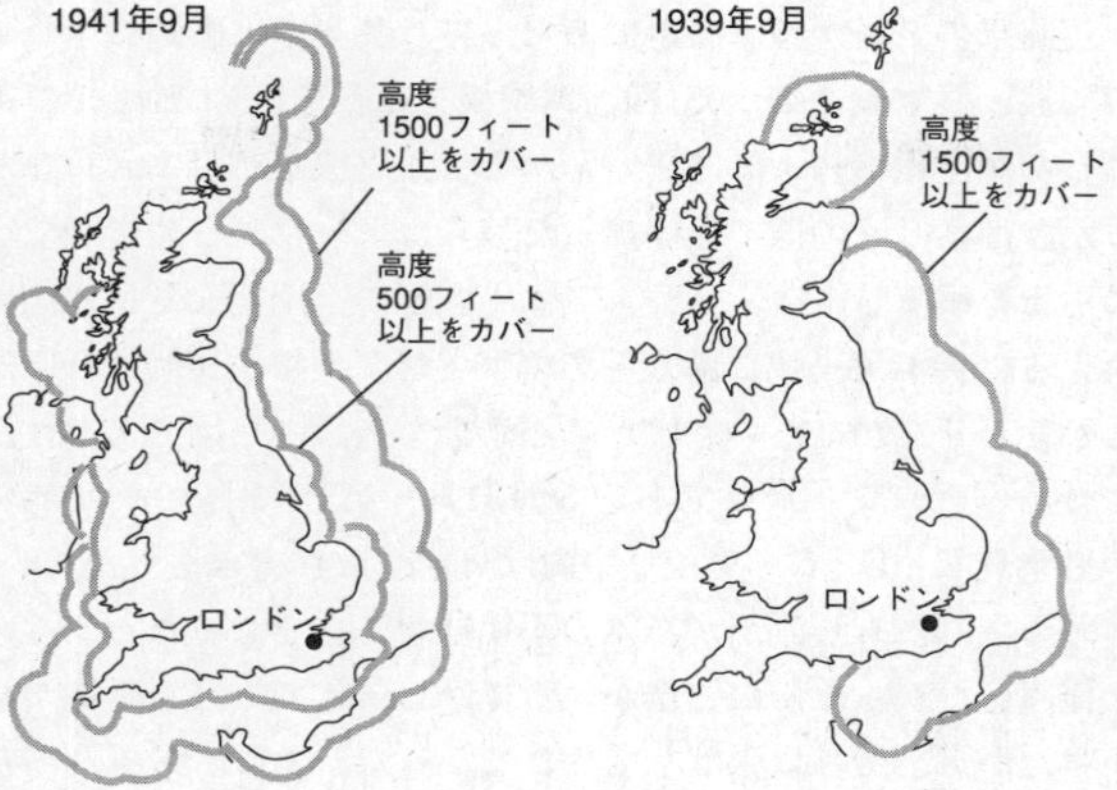

ゲッペルスから攻撃目標の変更を下命されたスパールは大反対したが、パイロットから報告される過大な撃墜戦果を信用するケッセリンクは、英戦闘機の戦力が低下したと見て賛成した。またロンドン爆撃によって北方の英戦闘機を誘い出し、一ヵ所で撃墜するのも狙いの一つであったが、問題はロンドン上空で一〇分しか戦闘できないBf109Eの足の短さにあった。また初戦で破壊した「はず」のレーダーアンテナも爆風に強い格子構造のため、意外に破壊が少なく、その後も運用を続けていたのに、その確認も不徹底のままだったなど、ドイツ側は不手際だらけだった。

これ以降、ドイツ空軍は夜間爆撃に切り替えるが、その無線航法システムをめぐる「知恵の戦い」に敗れて無意

コラム⑥●英国の「雲の墓標」

英陸軍のダンケルク撤退にあたって、英空軍は戦闘機を延べ2739機、爆撃機を延べ651機、偵察機を延べ171機出動させて掩護したが、陸軍兵士には襲いかかるドイツ機しか目に入らなかった。ほうほうの態で逃げ帰った彼らはドーヴァーの街頭で空の勇士を吊るし上げ、メディアにも空軍の不甲斐なさを声高に訴える。英本土決戦に備えるダウディング大将が16個飛行中隊しか使わせなかったのも確かに不十分な掩護の一因であった。

救出作戦の真っ最中である5月31日、第213中隊のハリケーン搭乗員R・D・G・ワイト中尉は母親へこう書き送った。

「お母さん、もし誰かが空軍の不甲斐なさをなじったら、もっと掩護したかったんだと僕がいってたと伝えて！　飛行機がなかったから、あれ以上はしてやれなかった。あれで最善だった、それでもドイツ野郎の最善の50倍はやったんだよ。でも心配しないで、お母さん。最後の一機、最後のパイロットまで僕たちは戦い抜いて勝ってみせるから」

「この撤退の成功は空軍のお陰である」とチャーチルが下院で謝辞を述べて間もなく、ワイト中尉は祖国の空に散華する。

燃えるダンケルクの町と捕虜となった連合軍兵士。英軍の80パーセントが救出された。

味な地点への投爆が多く、戦略的な戦果はないまま秋雨の中で英国空爆は終わった。飛行場はぬかるみ、双方とも離着陸事故による機体損耗の方が戦闘損耗より多かった。「間に合った戦力整備」と生産力整備、世界初のレーダーシステムを使いこなした邀撃管制方式と英国の勝因はいくつも挙げられるが、ドイツ上層部の情報見積もりと作戦指導の失敗がなければ、戦局の推移はどうなっていたか分からない。

4　マルタの空

味方のハリケーンを横取り

マルタ島攻防戦においてもハリケーンはスピットファイアが増援されるまでの掩護部隊の役を立派に果たした。とくに一九四一年初頭の危機などは、ハリケーンだけで見事に防いでしまう。最初の危機は、まず一九四〇年六月十日、フランス崩壊のドサクサに乗じてイタリアが参戦したときに訪れる。だが幸いなことに奇襲ではなかった。日本の真珠湾攻撃だけが在米大使館の不手際で「騙し討ち」の汚名を着たが、一九三〇年代になると、ほとんどの戦争が宣戦布告と同時の奇襲で開始されているから、これは異例なことである。もっともイタリアの国民も経済も動員体制にはなく、参戦してからの「合戦準備」だから、降伏間際の日本を綿密な計画に基づいて攻撃したソ連とは大違いである。

それでも翌十一日早朝、サヴォイア爆撃機の名で日本にもよく知られた双発ＳＩＡＩマルケッティＳＭ79が三〇機、それをエスコートするマッキＭＣ200戦闘機（最大速度五一二キロ

／時、一二・七ミリ機銃二梃）一八機が一〇〇キロばかり先のシシリーを飛び立ち、マルタの飛行場と港のドックを襲った。ここで、わずか三機の艦載型グラディエイター戦闘機が一八日間もマルタの空を守り抜くという武勇伝が誕生する。しかも輸送されてきた木枠から取り出して組み立てたばかりだったというエピソードも伝えられ、直ちに伝説となっていく。三機の名前がフェイス（誠実）、ホープ（希望）、チャリティ（慈善）だったのもメディアには受けた。だが本当にこんな優雅な名前が付けられていたか怪しいという。

実際には、梱包して送られてきた一八機のうち六機が組み立てられ、残りは部品供給にあてられた。もっと組み立ててもよさそうなものだが、パイロットが要港ジブラルタルの防衛に引き抜かれ六名しか残っていなかったからである。そこで三名ずつ二交替制で待機していた。「たった三機で」の美談はここから発生したのだろう。

サヴォイア・マルケッティ SM79。イタリアの主力爆撃機で、3発の特異な機体のため操縦席上部に銃座が設けられている。

設置されたばかりのレーダーがイタリア機の襲撃を発見して、たった三機が舞い上がったが一機も撃墜できない。午後になると二五機のＳＭ79が侵攻したが、グラディエイターを舐めきって今度はエスコートなしである。投下された一〇〇キロ爆弾がまったく命中しなかった

イタリアの主力戦闘機フィアットCR42(上)、マッキMC200(中)、フィアット G50(下)。戦前は優秀な競速機を生み出したイタリアではあったが、大戦末まで複葉機の製造を行なっていた。日英伊ともに熟練搭乗員の格闘性能への固執が見られる。

のは、迎撃したグラディエイターのせいではなく対空砲火によるものだった。
ようやく六月二十八日、ジブラルタルを基地とする空母「アーガス」がサルディニア島沖まで来て発艦させたハリケーン一二機が、八月一日には、空母「アーク・ロイヤル」からの一二機が、「短足」ながらも六八〇キロを飛んで到着し、マルタ守備隊はホッとしたとされている。だがムッソリーニがマルタの戦略的重要性を認識せず、侵攻の矛先をもっぱらバルカン半島へ向けてマルタを真剣に攻撃しなかったのは事実としても、その後も続く空爆にこんな複葉戦闘機だけで本当に一八日間も対処できたのだろうか。実際にはハリケーンがマルタの空を飛んでいたのだ。マルタに駐留した空軍関係者の談話では、降伏寸前のフランス経由で飛んできたハリケーンが度々当地で差し押さえられている。最終目的地はイタリア軍の侵攻が懸念されるギリシャやエジプトでありマルタは中継地に過ぎないのだが、何機か群れになって飛来し整備を依頼すると一機か二機は遠距離飛行は無理だと宣告され、しばらく滞在を強制される。公式の記録にも燃料ポンプが不調といった報告がやたらに多い。これらを数機まとめて示威飛行させるだけで、イタリア空軍も近づかないし島民も安心する。

日本国内の各地で擾乱事件が相次いだ一九五〇年頃、平事件というのがあった。平警察に二梃しかない大切な拳銃を警官が交替で携行して今のパトカーに相当する米軍払い下げジープで市内を練り回り、警官全員が拳銃を持っていると思わせて沈静化した、と当時のメディアが伝えている。これと同じ心理戦を実施したわけだが、着陸に失敗して本当に破損した機もあった。これらを集めて誕生したマルタ島製ハリケーンもあったようである。

こうして正味二個飛行中隊のハリケーンによってマルタは依然として英地中海艦隊の有効な基地であり続けることができたが、おとなしくしておれば、あれほど叩かれないですんだかもしれない。だがマルタ駐留英空軍司令官ヒュー・P・ロイド少将はマルタの戦略的な位置を利用して攻勢に出る。配備され始めたばかりのフェアリー・フルマー単葉複座戦闘機（最高速度四五〇キロ／時、機銃八梃）は海軍機であったが、本国から少々回してもらいハリケーンの加勢とした。

つぎにマーチン・メリーランド双発偵察兼爆撃機（最高速度四八六キロ／時、機銃八梃、爆装九〇七キロ）、ヴィッカース・ウェリントン双発爆撃機（三六七キロ／時、航続距離三五四〇キロ、機銃六梃、爆装九〇五キロ）、ショート・サンダーランド四発飛行艇（三三八キロ／時、航続距離四八〇〇キロ、機銃七梃）といった新しい機種を掻き集めマルタを「不沈空母」に仕立て上げる。この中には横取りもあるらしいが公式記録では分からない。

ウェリントン爆撃機などは遠路トリポリやアルバニアまで爆撃したし、メリーランド偵察機は十一月十日に目覚ましい手柄を立てる。長靴のようなイタリアの踵に位置する軍港タラントに戦艦五隻、巡洋艦一四隻、駆逐艦二七隻がのうのうと集結しているのを発見したのだ。英国はイタリアをさほど恐れてはいなかったが、強力なイタリア艦隊だけは頭痛の種だった。空母はないが、隻数の上では英地中海艦隊とは段違いである。撃滅するには千載一遇のチャンスだ。

翌十一日夜、空母「イラストリアス」から飛び立った二一機の時代もの複葉雷撃機フェアリー・ソードフィッシュ（最高速度二三四キロ／時）が世界初の航空魚雷攻撃を敢行する。新鋭戦艦「カブール」は沈み、「リットリオ」「デュリオ」が大破したが、雷撃隊の損害はわずか二機であった。日本海軍に真珠湾攻撃の手本を示したタラント港奇襲は成功裡に終わる。

ナイトの称号よりもハリケーンを

これ以外にも、マルタから飛び立つ偵察機は北アフリカへ向かうイタリア輸送船団を見つけては航空攻撃あるいは地中海艦隊を誘導して撃沈させるので、イタリアはドイツに泣きついてマルタの無力化あるいは占領を依頼する。ドイツも同島が北アフリカへの海上補給線を攪乱する策源地となるのは予測していたが、英本土を航空攻撃している間は手が回らない。だが一九四〇年十一月二十日、ついにヒトラーは艦船攻撃に慣れたドイツ第一〇航空軍団のノルウェーからシシリー島への移動を決心し、年末には移動が開始される。元旦におけるマルタ島駐留の英軍可動戦闘機は、ハリケーン一六機にグラディエイター四機、各種爆撃機も三六機にすぎなかった。しかし、第一〇航空軍団も一月八日までにシシリー島へ展開できたのは、まだ爆撃機九六機だった。内訳は雷撃もできる双発爆撃機He111（最高速度四〇五キロ/時、航続距離二六〇〇キロ、爆装二四九五キロ）三二機、偵察などの多用途に使用される爆撃機Ju88（最高速度四五〇キロ/時、航続距離一七〇〇キロ、爆装一八〇〇キロ）一〇機、急降下爆撃機Ju87が五四機である。戦闘機はまだ揃わないが、司令官ハンス・フェルディナント・ガイスラー空軍大将は戦機を逃がさなかった。

一月十日午後、ギリシャとマルタへ向かう大護送船団が西からマルタに近づいたとき、魚雷を抱いて近づいたイタリアのサヴォイア爆撃機二機を追い払うため直衛のフルマー艦載戦闘機が低空へ舞い降りた隙に、Ju87とJu88併せて四〇機が襲いかかった。昨夜ジブラルタルへ引き返した英艦隊に代わって護衛任務についたばかりのカニンガム海軍大将率いる英地中海艦隊は大損害を受け、六発の爆弾が命中した空母「イラストリアス」はマルタのグランド・ハーバーに逃げ込む始末であった。

次週には二四機の双発戦闘機Bf110が到着する。英本土防空戦ではケチがついたが、足が長いから海洋作戦には使えるし、ハリケーン以外の戦闘機になら太刀打ちできる。一月十六日からはマルタの飛行場や海軍施設を狙う航空攻撃が開始され、海軍工廠で修理中の「イラストリアス」は二十三日、夜陰に乗じてアレクサンドリアへ向け逃走する破目になる。一時はマルタでのハリケーンの可動機が六機だけという苦境にも立たされた。

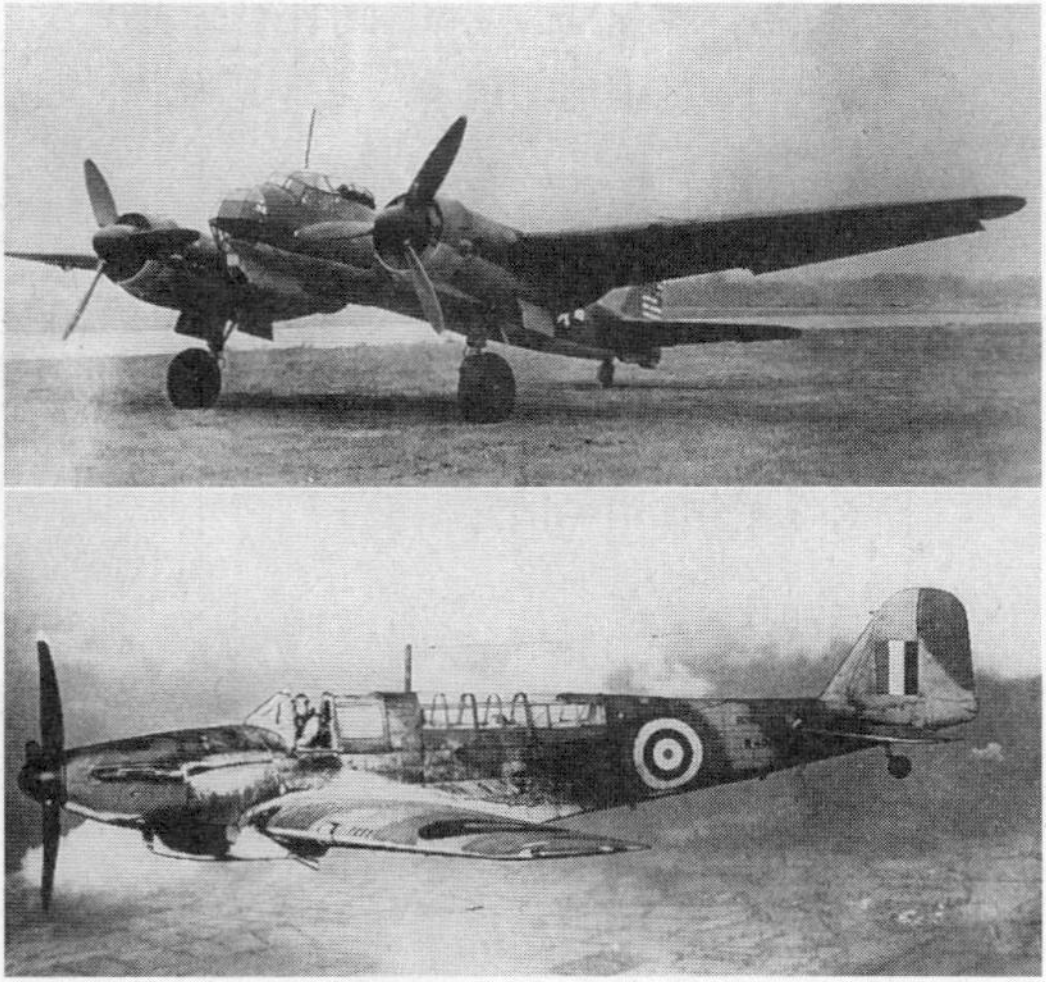

マルタ島攻防戦の独英参加機。ユンカースJu88(上)、フェアリー・フルマー2(下)。Ju88はドイツ空軍の代表的爆撃機で戦闘、雷撃、偵察など、多用途性を追求して開発されていた。

イタリア艦隊撃破の功績によりナイトに列せられてサー・アンドリュー・カニンガム大将となったことを伝えられた同提督が、「ハリケーン三個中隊の方がほしかった」と述べたのは有名である。英本土防空戦が勝利のうちに終わっても、まだスピットファイアは回されないのでハリケーンが頼りの綱だった(表12)。

一月末には第一〇航空軍団の稼動機は一四一機に増え、五月には最大の二四三機に達した。二月にはドイツ第一〇航空軍団がロンメル軍団の支援で多忙となったためマルタは一息ついたと記す文献も

表12　時期ごとの英戦闘機飛行時間総計

(1940年6月11日～10月11日)	
グラディエイターおよびハリケーン	343.50
(1940年10月11日～41年2月10日)	
ハリケーン	440.35
グラディエイター	26.15
フルマー	25.45
総計	491.95
(1941年2月10日～6月7日)	
ハリケーン1	1719.30
ハリケーン2	69.10
フルマー	28.35
総計	1816.75

あるが、マルタ空襲回数の記録（表13）や枢軸軍側の作戦機稼動数の記録（表14）には表われていない。減少するのは六月になってからである。海上補給線を脅かされるイタリアも必死で航空攻撃を強化していく様子が表13からも理解できる。

英空軍も迎撃するだけでなく手持ちの爆撃機を動員してシシリーの基地を叩きに出撃する。イタリア空軍は複葉戦闘機ＣＲ42をエスコートや迎撃に大量に投入した。英軍戦闘機搭乗員はＣＲ42の性能を「ハリケーンより下だがグラディエイターより上」と高く評価したが、ハリケーンがマルタの空で最強だったのは間違いない。第一〇航空軍団がＢｆ109Ｅを装備していなかったのは英国空軍にとって幸いなことだった。

第一〇航空軍団の展開によって西からのマルタ向け護送船団派遣は中止され、一九四一年二月から五月までの延べ一三隻の輸送船は、すべてアレクサンドリアからひそかに出港している。そして同年十一月、ハリケーンをマルタへ発進させてジブラルタルへ戻りつつあった「空母アーク・ロイアル」は、大西洋から地中海へ忍び込んだ六隻のＵボートの一つ、Ｕ81の巧みな雷撃により沈没する。これでジブラルタルからマルタへ船団を護送するのは、また

表13　1940〜41年マルタ空襲回数

	1940年	1941年
1月	—	57
2月	—	107
3月	—	105
4月	—	92
5月	—	98
6月	53	68
7月	51	73
8月	22	30
9月	25	31
10月	10	57
11月	32	76
12月	18	169

表14　1941年の枢軸軍側作戦機可動数

月	イタリア	ドイツ
1月	63	141
2月	70	160
3月	92	209
4月	105	222
5月	130	243
6月	161	22
7月	155	—
8月	150	—
9月	180	—
10月	198	6
11月	198	6
12月	141	76

不可能になった。だが六月には、ソ連侵攻作戦の準備のため第一〇航空軍団は引き揚げ、マルタの二回目の危機は去った。

ロンメルの命運も左右したマルタ防空戦

秋には、マルタは再び北アフリカを目指す独伊船舶の襲撃基地となった。十月には輸送物資の六三パーセントが海没する。英軍に追いまくられトリポリまで攻め込まれたイタリア軍に代わって、一九四一年二月にリビア戦線へ登場するや、ただちにベンガジを奪取しトブルクを猛攻した名将ロンメルが、十二月上旬にはトブルク周辺での戦闘を断念してエル・アゲイラまで撤退せざるを得なかったのは、一〇〇〇機対三五〇機という連合軍側の航空優性が大きな要因であるが、秋以来の補給の差も無視できない。

イタリア空軍に代わってマルタの無力化を命じられたのは東部戦線で戦果を挙げていたアルベルト・ケッセリンク元帥率いるドイツ第二航

表15　戦闘機性能比較

	馬　力	速度 (km／h)	航続距離 (km)	武　装	配備年代
ハリケーン1	1030	515	740	機銃×8	1937
ハリケーン2	1280	545	740	20mm砲×4	1941
Bf109E	1050	550	660	20mm砲×4	1939
Bf109F	1200	600	708	15mm砲×1 機銃×2	1841

空艦隊である。ちょうど真珠湾攻撃の二日前に命令下達され、一部をモスクワ攻防戦に残して年末にはシシリーと北アフリカへ分かれて移動する。いずれの英空軍にとってもショックだったのは、強敵Ｂｆ109が、それも英本土防空戦で活躍したE型ではなくF型が登場したことだ。さすがのハリケーンも1型では勝ち目がない（表15）。

二航艦の移動はモスクワ攻防戦に大きな穴を空けたものの一九四二年一月下旬に始まるロンメルの攻勢転移を可能にし、マルタへの攻撃によってイタリア護送船団への英海空軍の妨害も激減した。しかしマルタ島への本格的な航空制圧が始められるのは同年三月二十日である。レーダーの有無が英伊両艦隊の砲戦能力を左右した「シルティの第二次海戦」に打ち勝って無事にエジプトからマルタへ着いたばかりの三隻の輸送船は航空攻撃で沈没し、二万六〇〇〇トンの積荷のうち五〇〇〇トンしか陸揚げできなかった。マルタには第三回目の危機が訪れる。

二月中の第二航空艦隊の延べ出撃機数は二四九七機だが、三月には四九二七機、四月には九五九九機に達した。三月末には、すべての水上艦艇はマルタを去り、整備されるべき潜水艦は終日潜航する。そして四月末には機雷原の増加によって基地内に封じ込められそうになり、ついに潜水艦も撤退した。これに対するスピットファイア

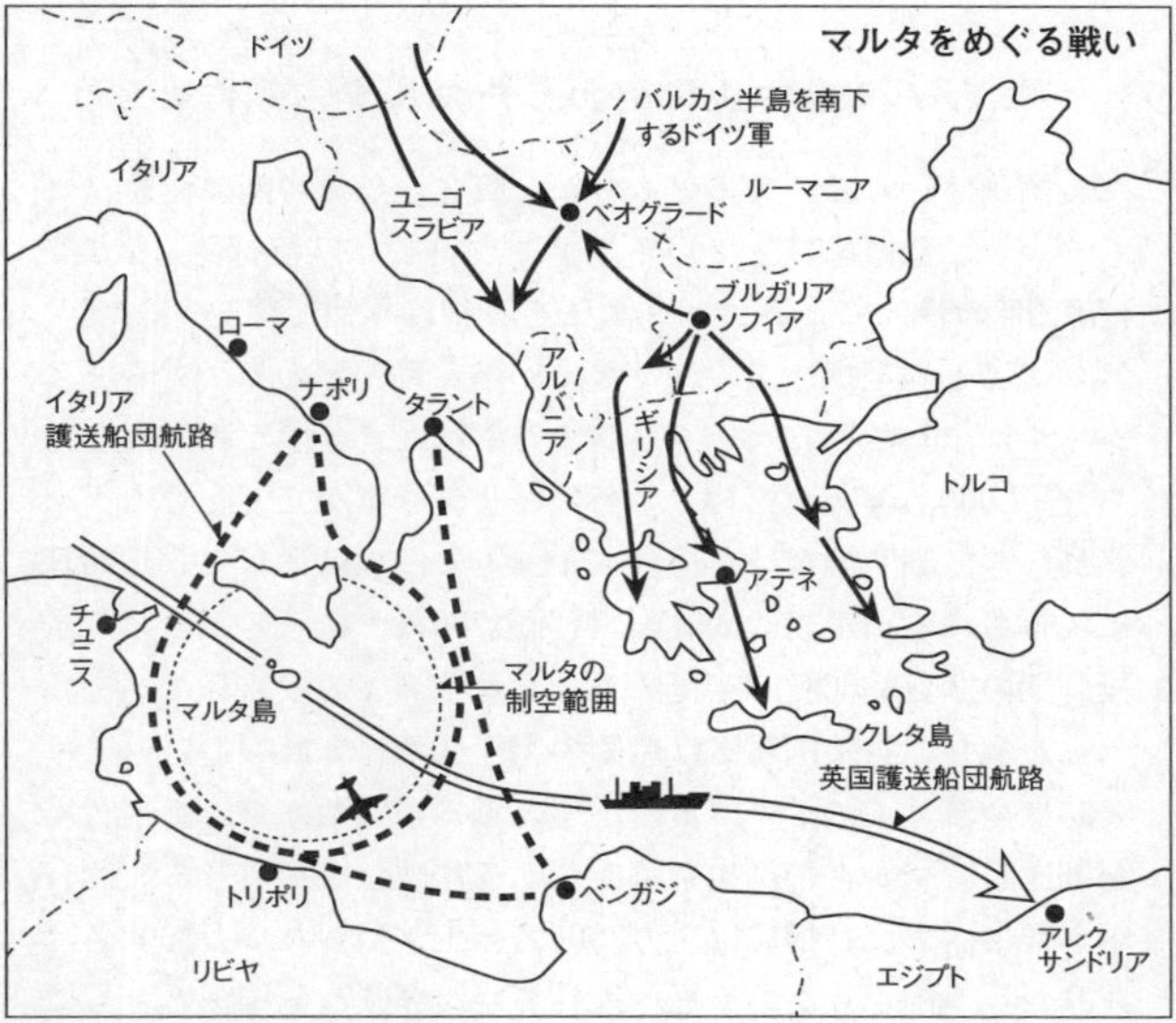

の増援は、三月七日に空母「イーグル」から一八機が飛び立ってマルタへ到着したのが最初である。ついで二十一日と二十九日に、さらに一六機が到来する。今度はスピットファイアが「間にあった兵器」となった。

だが四月二十九日、米空母「ワスプ」から飛び立った四七機のうち四六機がマルタへ到着したが、レーダーで増援を探知したドイツ二航艦に飛行場を急襲され三〇機が破壊される。三日後には役立つのは六機しか残っていなかった。

しかし、同じ過ちを繰り返さないのが英国人の知恵である。五月九日に空母「ワスプ」および「イーグル」から飛び立った六四機のスピットファイアは、到着するなり給油、給弾を受け、迎撃に参加したことで

コラム⑦●中止に終わったマルタ占領作戦

英国側は知らないままだったが、第2の危機の際にマルタはもう一つの危機を迎えている。ドイツ首脳は空挺部隊（第7空挺師団）の投入によるマルタ制圧を真剣に検討していた。だがクレタ島との選択を迫られたドイツ軍が目と鼻の先にあるギリシャへ進出しているクレタ島が優先された。英国が制海権を持ち3万2000名の英軍と約1万名のギリシャ軍が立て籠もるクレタ島への、制空権だけを持つドイツ軍の侵攻は1941年5月20日に決行される。爆撃機400機と戦闘機200機の掩護の下に第7空挺師団の2万3000名が空挺降下とグライダーで侵攻した。

島を取り囲む英国艦隊は船団の上陸部隊を3度も追い返す。一時は全滅寸前のドイツ軍は、連合軍の誤判断に乗じて飛行場を制圧し、空からの増援を可能にして作戦を成功させる。連合軍の死傷者および捕虜は1万7000名、生き残った1万8600名はギリシャ本国からクレタ島へ逃れていたギリシャ国王とともに英艦艇で撤退する。だがドイツ軍精鋭の死傷者も7000名に達し、ヒトラーは2度と空挺作戦は行なわないことを決心した。

ドイツ空挺部隊の訓練。空軍に属した降下兵は、ゲーリングの下、最新の兵器が配備された。

破壊を免れた。その翌日、はじめて二航艦は自軍より優勢な英戦闘機隊と交戦する。五月中のマルタにおける枢軸軍の損害四〇機に対して英戦闘機の損害は二五機、地上での損害はわずか六機に止まった。攻撃基地としての機能は八月まで停止したが、マルタは生存するのに成功したのだった。そしてアフリカにおけるロンメルの命運もマルタ攻防で定まったのである。

よくぞ、この英国が……

ウェストミンスター寺院からテームズ河を右岸へ渡り、ウォータールー駅まで来ると観光客は、ぐっと少なくなる。この一キロほど南にあるのが帝国戦争博物館《インペリアルワーミュージアム》だ。休日には戦中派のみならず若い男女の列が地下鉄の駅から続いていくが、日本の航空会社発行の懇切丁寧なガイドブックには無視されて、日本人にはほとんど出会わない名所である。

ここは英本土防空戦だけの博物館ではないが、次の世代に一番伝えたいのは、祖父たち、いや、全国民がいかに雄々しく本土防衛に立ち上がったかを示す記録である。ここの展示物や写真、ビデオだけ見ていると、全国民が献身的な愛国者だったと孫や曾孫は思いそうだが、実情は違っていた。

英国社会の実情も多面的だが、「真面目大国」日本ほどには気合いが入らず、「よくぞ、この英国が……」の状況だらけである。完備した社会福祉にあぐらをかき、怠惰に過ごす現在の英国病（もっとも英国崇拝家は、ゆったりした大人の国と賞賛するが）とはやや異なるが、祖国の危急存亡という悲壮な感覚を持たない人や「ゆったりした生活」を侵されたくない人は掃いて捨てるほどいたようだ。

本土防空の実質的な最高責任者である戦闘機軍団司令官ヒュー・ダウディング大将のように司令部が設置されたベントリー修道院に泊まり込む人もいたが、英本土防空戦にやっと勝ち抜いた十一月になっても、まだ外務省は十一時になるまで仕事を始めなかった。早々に設立された経済戦争省でも、大臣が十時三十分にミーティングを開くのはスタッフが集まらないので不可能だったという。

当時の英国ではパブリック・スクールを出るのは全国民の一パーセント足らずであり、政治的、社会的に重要な職務の八〇パーセントをこの一パーセントの特権階級が占めていたが、この人々の大半が「ノーブレス・オブリージ（貴族の義務）」の原則を忠実に守ったという例は枚挙にいとまがない。

開戦直後の一九三九年十一月、二四歳のジョン・コルヴィルは外務省からチャーチルの秘書として派遣されるが、二年後の十月には空軍に志願して首相に慰留されながら辞任する。国家にとって重要と認定された職務の男女は、二五歳以上であれば兵役免除である。だが海軍に志願した長兄、近衛歩兵第一連隊へ入営した次兄に続いてジョンも恵まれた特権階級としての義務を空軍二等兵となって果したかったのである。ジョンの一家は貴族でもあった。

だが数々の労働党内閣の施策にもかかわらず、持てる者と持たざる者の差は大きく、その点ではドイツとは比較にならなかった。産業革命の後に不毛の地につくられた労働者の町々には、まだ下水道はおろか上水道さえなく、風呂のない住宅が大半だったという。一九四一年の統計でも、私立学校の少年たちは栄養の違いから公立学校の少年たちよりも平均四インチも背が高かったとか、格差を伝える資料は英国社会史を紐解けば溢れんばかりである。それだけが理由ではないが、英国の庶民は「進め一億火の玉だ!」の標語を大きな抵抗なく受け入れた日本国民ほどには「お上」に協力的ではなかった。だが勝ち戦に終わったので、戦時中の非国民ぶりを吹聴したり自賛したりする奇特な人はいない。

余談であるが、敗れた日本ではこれとまったく逆であり、戦後の手記は、一億全国民が為政者を呪い、和平すなわち降伏を待ち望んだと強調するものが多い。著者の知る限りでは上級生は軍国少年と愛国少女ばかりで、一年生は訳も分からないのに山本五十六大将の遺影を拝まされたり神社の前を通る際にはペコンと頭を下げさせられた。

数々のサボタージュが平時からの階級闘争の延長によるものか、「外務省職員十一時ご出勤」と同じ、悠然とした英国人の体質によるものかはにわかに決め難いが、英国政府は非公式のストライキや怠業に終戦まで手を焼いた。「敵」は主として労働組合と職業別組合であったが、彼らの活躍(?)により、一九四四年の怠業日数は一九三八年の三倍になるという信じられないことが起こっている。国難に対処するには労働者に命令するのではなく、頭を下げて協力を求めなければならないからであろう。

英国進駐に備えてドイツ軍が将兵に配布した「英国人との付き合い方八ヵ条」は、英国人が新しい状況に対応する際も非常にスローモーであるが悪意があってではないこと、そして労働者階級には命令調でなく丁寧に友情をもって接すれば味方にできることを、いみじくも記している。

護送船団のコルベット艦長としての凄惨な体験を記した『非情の海』の著者ニコラス・モ

ンサラットは、艦の修理に入港したものの朝の十時から工員たちが艦長室へ入りこんでトランプをやらかすのでカンカンになった。何度もどなりつけたが、「ヤツらの流儀に干渉しないでくれ」と公式に申し渡される羽目になる。ある造船労組員が組合の掲示板で勤労モラルの向上を訴えただけで三ポンドの罰金を課せられたことを知った艦長は、こう書き留めている。

「ストライキがあるはずだ」

もちろん当局も手をこまねいてはいなかった。開戦と同時に政府が自動的に手に入れた、当時の日本政府よりもはるかに強力な緊急特権をチャーチル内閣は議会から付与された。それは国民や財産に関する全面的な管理権であり、本土決戦に備えて土地の接収はもちろんのこと、ベバン労相はどの仕事に就けといかなる男女にも命じることができ、その労働条件や賃金も決定することが建て前上は可能になった。同盟罷業はご法度になり、航空機工場は日曜返上の二四時間操業となった。

だが、長年の労働習慣を急激に替えたり取り締まったりするのは難しく、当局の強権発動対象はもっぱら思想犯であった。チャーチル政権が成立するや、直ちにオズワルド・モズレー卿のような著名なファッシズム支持者数百名が逮捕され、裁判なしで禁固刑に処せられる。ヒトラーが政権に就いてからポーランド侵攻までのわずか六年間に労働者の生活水準を欧州一に引き上げたが、それを称えてチャーチルをこきおろした女性は懲役五年の判決を受けた。思想犯ではなく単純な悲観論者だが、英本土防空戦の始まる頃に「英国には勝ち目がない」と語った男性も投獄された。

このように英本土やマルタの空を守り抜いた英国の裏面となると、愛国的な戦史が伝えるような美談ばかりではない。だからこそ「よくぞ、この英国が……」と改めて感心するのである。

第三章　南方作戦を決意させた日本戦闘機の航続力

1　何とか追いついた国産技術

日本航空技術、成人の年

一九三七年は、日本が日華事変の泥沼に入りこんだ悲劇の年として広く国民に記憶されてきた。だが、この年は日本航空技術のターニングポイントとなった年でもあった。この年の前後に制式制定された陸海軍の航空機には、ようやく欧米先進諸国のものとほぼ同列のものも現われ始めた。

陸軍では究極の複葉戦闘機ともいえる九五式戦闘機キ10（九五式戦、川崎）、初の低翼単葉戦闘機でノモンハンの空に間に合った九七式戦闘機キ27（九七式戦、中島）、単発ながらも航続距離は二四〇〇キロに達する初の戦略偵察機、九七式司令部偵察機キ15（九七式司偵、三菱）、三菱と中島の試作機が、どちらも優秀で甲乙つけ難く、機体は三菱、エンジンは中島

日本海軍の代表的な大型飛行艇である九七式飛行艇を大日本航空が購入した九七式輸送飛行艇。旅客座席も設備されていた。

という政治的判定でも有名になった九七式重爆撃機キ21（九七式重爆）と枚挙にいとまがない。

また海軍では、試作機が軽く時速四四〇キロを越えたという速報に海軍航空廠が「速度計が狂っているのでは？」と応えた、海軍初の低翼単葉戦闘機である九六式艦上戦闘機（九六式艦戦、三菱）、日本最初の油圧式引込脚を持ち真珠湾攻撃の主役ともなった九七式艦上攻撃機（九七式艦攻、中島）、日華事変の初頭、暴風雨の中を長崎県大村から一〇〇〇キロ近く離れた南京への「渡洋爆撃」を実施した九六式陸上攻撃機（九六式陸攻、三菱）、有名な二式大艇の先輩で、堂々と国産初の四発機として登場した九七式飛行艇（九七式大艇、川西）と、これまたオンパレードである。

この九七式大艇などは輸送飛行艇としてのバージョンもあり、三八機製造されたうち一八機が大日本航空に購入されて南洋諸島を結ぶ足として愛用されたのだから素晴らしいものである。

制式制定、すなわち兵器としての承認と登録がすんでもいないのに民間へ貸し出すという、現代では考えられない粋な計らいで朝日新聞社へ引き渡された九七式司令部偵察機の試作二号機が、「神風号」として立川・ロンドン間を九四時間一七分五六秒の世界記録を樹立して「航空日本」の名を高めたのも、この年である。だから一九三七年は、日本航空技術の成人の日ならぬ成人の年といってもいいだろう。

昭和12年、東京・ロンドン間の連絡飛行に成功した朝日新聞社神風号(上)。同機は九七式司令部偵察機が原型である。昭和13年、周回飛行世界記録を作った帝大航空研究所の航研機(下)。

一九一八年に設立された東京帝国大学航空研究所が駒場へ移転し、基礎的な研究の他に何か目に見える成果を挙げようと一九三二年に計画を作成した長距離機（正式の名前がなく、一般には「航研機」と呼称）が完成したのも、この年の三月である。大学の先生が東京瓦斯電気工業の素人工員と一緒に造った飛行機なんか飛ぶものかと冷やかされながらも、同機は翌年五月、見事に周遊航続距離一万一六五一キロの世界記録（一九三九年、イタリアのサヴォイアS82が一万二九三六キロで記録を更新）を樹立する。パイロットは、陸軍から派遣された藤田雄蔵大尉であった。

なお東京瓦斯電気工業は、明治時代から信管製造で大阪砲兵工廠と縁があったため、御用業者として「軍用保護自動車」第一号を製造した実績を持つ、立派な自動車製造業者である。

ライト兄弟の快挙からまだ七年目の一九一〇年、徳川好敏陸軍工兵大尉が代々木練兵場でアンリ・ファルマン一九一〇年型複葉機をぶっつけ本番で三分間飛ばしてから二七年間に、どのような苦労と進歩と無理があったかを、描かれることの少ない陸軍航空を中心に概観したい。

国産といっても外国人技師任せ

生産基盤まで考慮すると日本の航空技術はまだまだ一人前ではなかったし、機体もエンジンも多くの問題を抱えていたが、一九三七年前後に何とか世界のトップ集団に追いつく程度に急成長したテンポの速さは自負するに足りるものだった。三菱、中島、川崎、愛知、石川島（のちの立川）、川西といった航空機メーカーが、ようやく外国製品のライセンス生産の段階を卒業して設計から量産まですべて国産でやり始めてから、まだ一〇年少々しか経っていないのだ。

国産とはいえ、最初のうちはイミテーションやデッドコピーばかりだった。模倣だけでなく改良もされていればエミュレーションというべきだろうが、コピーに過ぎないといわれないために各部位を意味もないのに少しずつ設計変更したケースもあるという。栄えある社史には書かれない秘史であろう。

しかも国産といっても最初は設計者も外国人である。三菱（当時は三菱内燃機製造）が初めて航空機生産に参入し、海軍が初めて仕様書を書き、しかも世界初の艦上戦闘機として名高い一〇式艦上戦闘機（一〇式艦戦、一九二一年すなわち大正十年制式）も、設計したのは同年二月に招かれて来日した英国ソッピース社のハーバート・スミス技師以下九人の英国人たちだった。欧州は第一次大戦のあとの軍用機停滞の時期であり、開発途上国ニッポンへ腕を振るいに来たともいえる。

なお今でこそソッピース社の名を知る人は少ないが、日本海軍戦闘機の歴史は第一次大戦の真っ最中である一九一六年に同社から輸入したソッピース・シュナイダー水上戦闘機で幕を開く。横須賀海軍工廠や愛知でライセンス生産され始めても「ソッピース水上戦闘機」と呼ばれていた。これが昭和に入る頃にはホーカー社となり、のちにハリケーンやタイフーンといった名機を生み出す名門企業である。

この仕事が終わっても三菱はスミス一行を滞在させ、一〇式艦上戦闘機（艦戦）を複座大型化した一〇式艦上偵察機（艦偵）、悪評に終わった一〇式艦上雷撃機（艦雷）という「三部作」、さらに一〇式艦雷の、やり直しともいうべき一三式艦攻まで設計を依頼している。エンジンも輸入かライセンス生産であり、とても国産化したとはいい難い上に、完成した一〇式艦戦の初飛行を一九二一年九月に行なったのも、日本初、そして世界初の空母「鳳翔」から一九二三年二月に発着テストを行なったのも、スミス技師に同行した元英海軍航空大尉ウ

大正12年２月29日、英国人ウィリアム・ジョーダン元大尉が初めて成功した空母「鳳翔」への着艦テスト。機体は三菱製の一〇式艦戦が使用された。

ィリアム・ジョーダンであった。

太平洋戦争中に発行された『軍艦物語』などではパイロットに触れられていないのを見ると、やはり愉快なことではなかったらしい。テストパイロットのみならず設計者についても日本人技師であると露も疑わなかった人が大半であった。発艦よりも着艦の方が困難なのはよく知られているが、ジョーダンは合計九回の着艦に成功し、三菱は一万五〇〇〇円の懸賞金を支払っている。現代の五〇〇〇万円程度に相当する。

ところがソッピース社は第一次大戦に複葉機ならぬ三葉機（トライ・プレーン）の戦闘機を製作しており、スミス「先生」の設計した一〇式艦雷も三葉機になってしまった。日本で最初で最後の三葉機であるが、格闘性能を重んじる戦闘機に用いられたことはあっても、雷撃機に用いるなど世界でも前代未聞である。翼長が短くて格納に便利かと思いきや、背が高いため空母での取り扱いは難しいし速度も出ない。

結局、一〇式艦雷は二〇機で生産は打ち切られて、オーソドックスな複葉機に設計し直して一三艦攻が誕生する。明治初期と変わらぬ「お抱え外国人技師」に任せておいたムクイで、このような本人のノスタルジアとしか思えない代物が登場するわけだが、制式制定して二〇機も製造してから急に生産を中止している。海軍側の仕様書作成者や制式担当者の責任はどうなったのか、管理社会に住む現代人には理解し難いことが多いが、考えようによっては、当時は技術者に対しておおらかな、いい時代だったといえる。だが、先生自身がノスタルジア的設計に走るのだから、自主開発ではなく模倣生産に近い。

外国人技師設計コンペ

このような「お傭い外国人技師」依存体質は陸軍機でも共通である。一九二七年に海軍に先駆けて単葉戦闘機といってもパラソルをさしたような高翼型の競争試作を三菱、中島、川崎の三社に命じたときも、結局は「各社外国人技師設計コンペ」となっている。正しくは「下方視界の重視」を陸軍が求めただけだったが、結果的には三社とも高翼単葉型の試作で応えることになる。

初の単葉機ということで、主翼の破壊検査が厳しく行なわれたため、どの社の試作機も不合格になったが、フランスのニューポール社およびブレゲー社のマリー、ロバン両技師を雇っていた中島の、流れるようなフランス風曲線を特徴とする試作機がまだマシだと評価された。なお、中島だけがブリストル社のジュピター六型空冷エンジンを採用し、自社の「寿《ことぶき》」、「栄《さかえ》」に繋いでいく。三菱はイスパノスイザ水冷エンジンを採用していたが、自社開発では明治初期に行政、技術、教育といったさまざまな分野で「お抱え外国人」が大活躍してからほぼ半世紀が経っていたが、大正時代といっても、まだ東西が出会う際の文化ショックは大きかった。三菱へ招かれた英国人一行が興味シンシンだったのは日本のハンコであり、スミス氏は「酢味噌」、ハイランド氏は「高国」、ジョーダン氏は「冗談」といったハンコを使ってご満悦だったという。

英人技師は飛行場の草原を利用してゴルフの講習も実施した。道具は会社の鉄工場とプロペラ工場で製造する。日本人の習性で皆ドヤドヤ参加したが、指導も厳しく草むらでのボール探しも大変なので弟子はドンドン減っていったという。

現代のような「一億総ゴルファー時代」には信じられないことだが、三菱マンの間で、戦後まで語り継がれたエピソードである。

空冷エンジンに切り換えた。

結局、中島だけが陸軍の改修指示を受け、三年がかりで増加試作を行ない強度向上を図った結果、ようやく一九三一年になって審査に合格した。日本初の単葉型九一式戦闘機である。満州事変も上海事変も終わった後で、三二〇機生産されたもののついに実戦に参加せず、最初で最後の高翼単葉戦闘機であった。敗者の三菱と川崎の「師匠」は、いずれもドイツ人であったことは、その後の欧州での空の戦いを知るものには皮肉な感じもする。

だが陸軍には海軍とやや異なったナショナリズムがあった。一九二八年、陸軍の指導によりユンカース社の四発大型旅客輸送機G38を重爆撃機に改造したK51を三菱がライセンス生産することになった。九二式重爆撃機キ20の製作である。

コラム⑧●外国人技師との文化交流

大正時代に欧州から飛行機が導入され始めた頃、運用面でも技術面でも陸軍はフランス、海軍は英国が「師匠」であった。また会社にも実質的には陸軍と海軍の二大事業部（？）が存在するような空気になっていたが、経費のかかる「お抱え外国人技師」を事業部（？）ごとに雇う余裕はなかったらしく、三菱の場合を例に取ると、大正時代に活躍したスミス技師は1924年（大正13年）帰国すると、翌年、シュツットガルト大学教授だったバウマン博士が来日している。

この時期になると、他社もすべてドイツ人を招いているが、政治的な日独提携は10年以上先の話であり、政治的な理由ではない。そして三菱は1930年、フランスからベルニス技師を招聘する。３ヵ国をグルリと一巡したわけだ。

ユンカース社のオイゲン・ヘルベルト・シャーデ技師以下の技術者たちを名古屋へ招聘するのは認められたが、一九三一年、一号機が完成するや最初のフライト試験で操縦桿を握るのは、やはり日本人でなければならなかった。普通はメーカーのテストパイロットが行なうものだが、何故か、この場合は陸軍の加藤敏雄大尉が行なっている。

高翼単葉戦闘機の競争試作の際も、三菱は不運にも最初にテスト飛行を命じられ、埼玉県入間川上空で急降下の際に主翼が粉々になって吹き飛ぶのであるが、日本で初の落下傘降下者となって九死に一生を得たテストパイロットも、陸軍機らしく、やはり日本人であった。三菱の中尾純利操縦士で、のちに「ニッポン号」機長となる人である。これは朝日新聞の「神風号」に対抗して毎日新聞（大は川崎造船所の名で製作され続けた。

三菱は名古屋の埋め立て地、大江に航空機を生産する新天地を確保して発展したから造船とは無関係のようであるが、三菱内燃機製造会社（1920年設立）の前身は三菱造船の神戸内燃機製作所であり、そのまた前身は神戸造船所内燃機課（のちに部）であって、潜水艦、航空機、自動車のエンジンを手掛けていた。これも造船屋である。官の方でも、海軍を飛び出して中島飛行機を創立（1917年）した中島知久平機関大尉をはじめ、多くの機関士官が航空機の発展に貢献する。これは海軍航空の強みであった。一方、太古の昔から機動を馬に頼ってきた陸軍は、エンジンの分かる数少ない技術者を自動車や戦車の開発、そして業界指導に投入して大わらわであり、航空機技術については会社にまかせる「民主官従」にならざるを得なかった。

のちに立川飛行機と改称する石川島飛行機も、ペリー提督来朝の1853年に創業した、これまた造船の老舗石川島造船所から1924年に分家しており、「いすゞ」の前身、石川島自動車の兄貴分（1929年設立）である。造船屋さんの編隊飛行であった。

阪毎日と東京日々）が海軍の九六式陸攻を改造して一九三九年、世界一周に送り出した双発機だった。

2　模倣から改良へ

鉄道建設は一〇年で自立

昭和になってもまだ外国人技師に設計や試作まで依存する官民の対応を慨嘆する記録も少なくない。開発途上国がいつ乳離れするべきかは、ケースバイケースで難しい問題である。明治初期の日本土木技術者や鉄道技術者は、外国人顧問を少々置いただけで設計、測量、施工を自分たちで行ない、逢坂山トンネル（延

コラム⑨●見よ造船屋さん、空を征く

航空機製造に乗り出した企業は国によってさまざまである。町工場から出発して大空への夢を実現させた技術者も少なくないが、黎明期の飛行機開発の成否を左右するエンジン製作となると自動車エンジンからの技術移転も多いだけに、ロールスロイス、フィアット、ダイムラーベンツといった老舗のオートメーカーが主力だった。ところが日本では自動車産業が確立されないうちに航空機のライセンス生産が始まったので、造船業界の雄、2社、それも港町神戸からの参入が目立つ。

川崎といえば今や大型ヘリコプターや対潜哨戒機の生産でよく知られる航空機メーカーだが、生産拠点は岐阜である。ところが草分けの頃は神戸に飛行機部があった。神戸の造船所から「のれん分け」したからである。萌芽期には川崎造船所造機設計部の自動車掛に所属して、のちに自動車科と飛行機科とに分かれたというから、自動車から分かれたのではなく、自動車が兄弟で親は船である。1937年に川崎航空機株式会社となるまで

長六六五メートル）を含む難工事の多い京都〜大津間鉄道（一八・二キロ）を、着工してからわずか二年後の一八八〇年（明治十三年）に完成させてしまう。

京都疏水も同様に独力で竣工させた。そして明治中期には土木関係の外国人技術者のほとんどが「お暇を頂く」ことになる。早い乳離れで成功した事例であろう。

一〇年前まではチョンまげで暮らしていた人々が、どうやって隧道を穿ち橋梁を架けたのか。これも最初は学習（習得）と模倣である。一八七〇年（明治三年）に工事を開始し、一八七四年（明治七

年）には早くも営業を開始した大阪～神戸間鉄道（三三キロ）は測量から施工まで英国人技師ジョン・イングランドの指揮の下に行なわれた。しかし英国人技師がゴロゴロいたわけではない。指揮を受ける日本人がすべて学習しながら実施したのだ。

この工事は、東京～横浜間ほどには楽ではない。東京～横浜間鉄道では当初、木橋のみ架橋したが、ここでは日本初の鉄橋工事が三つもあり、六甲山系から流れ下るいくつかの天井川の下で三つもトンネルを掘っている。石屋川トンネルは日本初の鉄道トンネルであった。今では土盛りして電車は鉄橋で川を越え、先人の快挙を伝える技術史跡はない。

土木と航空機とでは、学問的体系も事業的体質も異なるので単純な比較は慎むべきであろうが、航空機の乳離れは土木と比べるとはるかに遅い。これにはいろいろの理由があるだろう。土木と違って輸入かライセンス生産か国産かと選択肢も多い。外国人を招聘すると金がかかり、生産まで任せるとなると直輸入の方がマシであるが、航空機設計だけを任せるなら小人数ですむから払えないことはない。また手法的に確立された土木に比較すると航空機は日進月歩で一人前になるのが大変である。

だが根本的には、土木の方は建築や医療と同様に自力でやらざるを得ない業種であり、航空機は購入してきてもすむ業種であった。この状況は今になっても変わっていない。

もともと技術移転においては、習得、模倣、改良、創造の四段階がある。わが国の航空機技術の場合は直輸入やライセンス生産、すなわち習得、模倣の期間がはるかに長い。ところが改良の段階が短いにもかかわらず創造の段階に到達したものがいくつかあった。模倣しながら改良や創造に向けて努力したといってもよい。その実例を三菱製の八九式艦攻が誕生する過程に見ることができる。

八九式艦攻の難産

一九二六年（昭和元年）、海軍は三菱のスミス技師が設計した一〇式艦偵が陳腐化したとして、三菱、中島、愛知、川西の四社に競争試作の指示を出す。フランスのイスパノスイザ製三〇〇馬力エンジンで時速一九〇キロを出し、実用性も悪くはない一〇式艦偵は、まだ登場してから数年にもならない。早くも退職勧告がでたのは、スミス先生が作り直した一三式艦攻（四五〇馬力、最高時速一九八キロ）がさらに操縦性も良く実用性も高かったため艦偵としても多用されるようになったからである。

自分の専攻教科だけでなく英会話もパソコンも教育できる教師が赴任してきたようなものだ。一〇式艦偵は、もっぱら練習機としてしか利用されなくなってきた

すでに昭和の御代に入っているが、他の三社と同様に三菱も外国人のフンドシで試作にかかる。英国へ帰国したスミス技師およびブラックバーン社、ハンドレページ社のそれぞれに設計を依頼したのだ。いわば下請けのコンペである。この設計コンペで選んだブラックバーン社の設計案を三菱案として提出するや、これが海軍に採用されてしまう。このとき三菱は、おそらくこの次期偵察機も制式制定されれば、また、これを攻撃機に改造される計画が海軍にあると考え、それも考慮して設計させたというから、そこが買われたのかも知れない。

その試作もブラックバーン社に委託し、英国で飛行テストを終えて船便で送られてきた試作機を岐阜県の各務ヶ原で飛行させるが、一九三一年に第三号機の飛行テストではいろいろ

コラム⑩●自動スラット

スラットは高揚力装置の1つである。飛行機に乗って、すぐ目につくのはフラップであるが、これは主翼の後縁にある小翼で翼面積や翼の反りを増やして揚力を大きくする。これに対してスラットは翼の前縁に取り付けられた小翼で固定式と可動式がある。なるべく短距離で着陸しようと機首を持ち上げるように着陸（艦）するような時、自動的に失速を防止し、かつ低速状態での操縦を容易にするのが自動スラットである。

スラットの原理

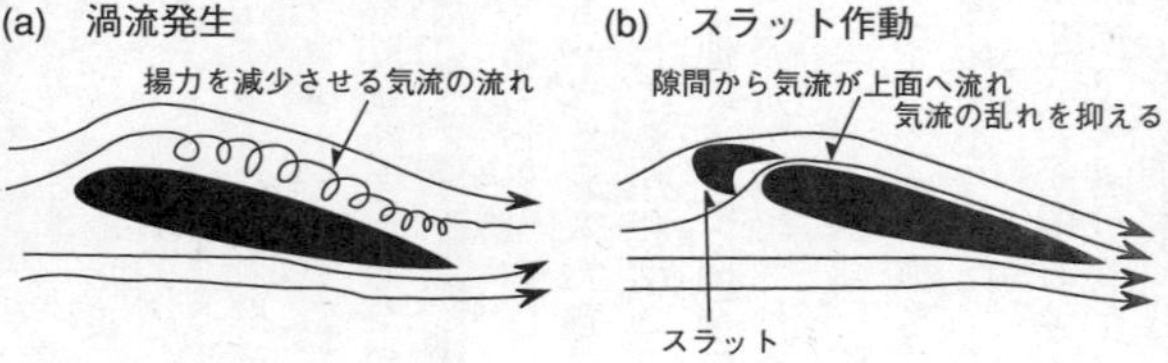

の不具合事項が指摘された。それらを改善して、ようやく第四号機で合格し、八九式艦上攻撃機として制式制定されて量産が開始されたのは一九三二年三月となっていた。

すでに上海事変が勃発していた。同じ一九二六年に競争試作を指示された一〇式艦戦の後継戦闘機は三式艦戦（中島）として量産され、米国人の操縦する中国軍機と上海の空で交戦している。ところが八九式艦攻の方は技術的トラブルで配備も異常に遅れたばかりか、配備が始まった後もエンジンの故障が多く、機体性能も不十分であると不評であった。そこで三菱側も設計、材料、組み立てについて自らの手で全面的に見直した結果、主翼の主桁と小骨（リブ）の結合法が悪いため、主翼後縁部の剛性が不足して操舵力にまで影響を及ぼしているのを突き止めた。
これを改良した八九式二号艦上攻撃機は、一九三五年までに二〇四機生産されるが、ようやく弟子が師匠の不具合を指摘できるようになったという点で、画期的な改造であった。三菱の技術陣はノウハウだけでなくノウホワイ（KNOW WHY）を自ら確認したのだ。

一三式艦攻の後継機として、三菱、中島、愛知、川西の４社が競作し、昭和７年に制式採用された三菱の八九式艦上攻撃機。

三菱関係者の手記や談話にも、ブラックバーン社を全面的に信頼したのに失敗し、八九式艦攻の性能はお粗末だのに価格は高いと海軍に文句をいわれた悲しみとハンドレページ社から自動スラット（隙間翼）の特許を六〇万円（今の三〇億円？）も払って買ったのに役に立たなかった憤りが遠慮がちに記されている。弟子は、いよいよ師匠の下から旅立とうとしていた。

改良から自立へ

昭和になっても技術傭兵ならぬ外国人設計技師が社内にいるようでは本当の国産ではない。もっとも国際化だ、ボーダレスだと叫ばれる時代に育った人には「なぜ?」と問われるかも知れない。そこで本当の自立はいつなのか、となると、ほとんどの航空史家が推挙するのが一九三二年(昭和七年)の海軍七試計画である。

これは艦上戦闘機、艦上攻撃機、陸上攻撃機(双発)、三座水上偵察機、大型陸上攻撃機の五機種について系統的に試作を進め、欧米に負けない(本音は、せめて同等の)優秀機を日本独自の技術で製作しようという意欲的なもので、一九三二年度から三五年度までの三年計画である。

実はこんな立派な試作の計画はなくても当時は周囲が研究開発に鷹揚《おうよう》であり、八九式艦攻のようにハプニングがあれば予定外の試作も可能だった。スミス先生の三葉機のように量産しても評判が悪いと、すぐに製造を中止して次期機種を試作している。今だったら新たな予算請求と会計検査院への釈明に大わらわだろう。だから七試計画がなくても試作を繰り返しながら模倣技術の改良へ、さらには創造へと進めたわけだが、機種ごとにバラバラではなく系統的に、そして評判が悪い製品ができてからでなく計画的にやろうという心構えは画期的なものである。

そして艦戦は三菱と中島の競争試作、双発陸攻は三菱単独指定であったし、この七試艦戦は失敗に終わったものの、のちに零戦設計者として世界に知られる堀越技師(当時、入社後五年の二八歳)がこれによって初めて設計主務者となったこともあって三菱関係者による記録や報告では、この海軍七試計画と三菱の対応が詳細に描かれている。

次期艦戦の試作は、三菱にとっては「会稽《かいけい》の恥」をそそぐべき絶対に負けられない競争で

英国のスパローホーク艦戦をもとに三菱が外国人技師の指導で国産化した一〇式艦上戦闘機(上)。一〇艦戦に代わる新型機として昭和４年に制式採用された中島製の三式艦上戦闘機(下)。

あった。この前の三式艦戦の試作では、自社製一〇式艦戦の後継だけにぜひとも受注したかったのに、不時着水対策から求められた水密構造に忠実だったため重くなり、胴体後部にピンポン玉を詰めただけの軽快な中島機に敗れてしまった。おまけに、この競争に勝った中島は、つぎの九〇式艦戦、その改良型である九五式艦戦も試作段階から独占受注である。

この頃三菱は、理論家のバウマン技師が指導する陸軍向けの試作機もつぎつぎと不採用になり、海軍には一三式艦攻、陸軍には一三式艦攻を改造して採用され

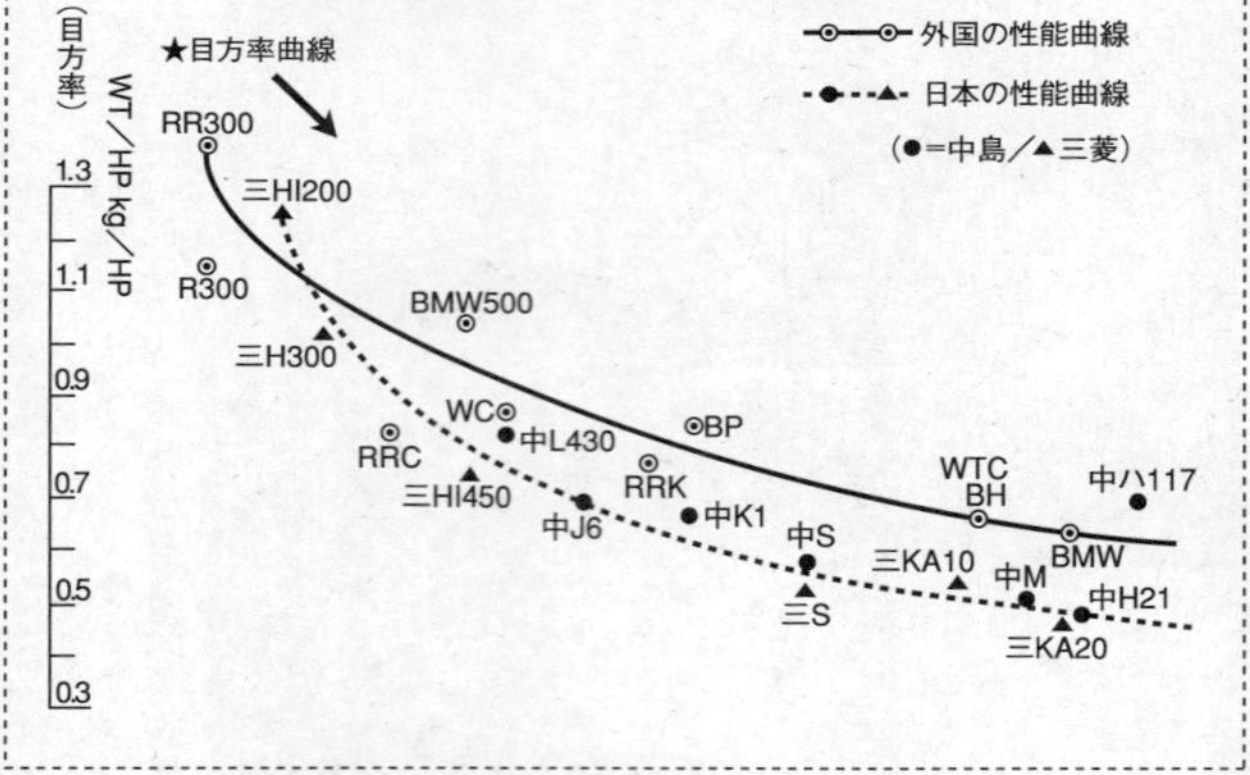

国産航空機エンジンの出力当たり重量の低下

た八七式軽爆しか納入する機種がなく、操業度が低下して厳しい状態であった。

それに中島は名戦闘機ゲームコックを製作した英国のグロースター社に、愛知はドイツのハインケル社に相変わらずの試作委託を行なったこともあって、社内の俊才を設計に投入した三菱には「海軍は、まだ外国の模倣を奨励するのか」という不満もあった。

だが三菱の試作もスミス技師の遺産ともいうべき一〇式艦戦の改良であり、中島もゲームコックのデッドコピーではなく海軍の要求性能に基づく艦上機に改造したものを試作させている。いずれも改良を模索する段階に進んでいたといえる。つぎの七試艦戦の競争では、中島も三菱も胴体は全金属製モノコック構造（外板の裏面の縦横に補強材をつけて強度向上）、主翼の骨組は金属で羽布張りという点は共通だが、中島は陸軍の九一式を艦載機に改造した高翼単葉型、三菱は国産初の低翼単葉型であった。結果的には、どちらも不採用となる。

三菱設計陣は楕円テーパー翼の採用など意欲満々だったが、当時の技術では十分な強度を得るには翼が分厚くなり、胴体は前方視界を改善するために操縦席で盛り上がり、固定脚は象の脚のように太くて空気抵抗を増大させる出っ張りの固まりであった。飛ばしてみると要求性能の速度一八〇～二〇〇ノット（三三五～三七〇キロ／時）はおろか一七四ノット、高度三〇〇〇メートルへの上昇速度四分以内の要求も満たせなかった。水平尾翼や垂直尾翼を改造して性能改善したが、強度の見直しに漏れがあって試作機は急降下試験中に尾翼が飛散して木曾川河原に墜落する。

昭和4年、中島が英国戦闘機を改良して製作した中島ブルドッグ戦闘機。設計主任の名をとり吉田ブルドッグとも呼ばれた。

堀越技師は一ヵ月だけ一〇円の減俸処分を受けるが、三菱も彼を見捨てないし海軍も日本初の低翼単葉戦闘機に挑む三菱を見捨てない。新たに二号機を試作させるが、これも二重横転の最中に水平錐揉みとなって墜落する。一号機は三菱、二号機は海軍のパイロットが操縦していたが、幸いにも落下傘降下で一命を取り止めた。創造への道は厳しかったが、三菱の技術陣は設計と製造で挑戦者のみに許される貴重な経験を得た。

この成果はつぎの九試単座戦闘機計画（海軍が空母への離着陸や航続性能の要求を外して設計条件を緩めたもの）で実を結び、海軍最初の低翼単葉、全金属の九六式艦上戦闘機を生むのである。

対照的なのは中島である。模倣だ、コピーだと悪口を言われながら少しずつ改良を積み重ねていた。三式艦戦の後継機を模索して、制式制定された翌年の一九二九年（昭和四年）に英国のブリストル・ブルドッグ戦闘機を参考品として自社で購入し、海軍が研究機として米国から購入した著名な複葉ボーイングF4B艦上戦闘機とを折衷した吉田ブルドッグ戦闘機（設計主任の吉田孝雄技師に由来）を試作して海軍のテストを受ける。

性能は三式艦戦と変わらないと酷評されるや、設計主任を更迭して大幅な機体軽量化を図るとともに、エンジンはライセンス生産のジュピターに替えて自社製の「寿」空冷エンジンを採用した結果、一九三二年（昭和七年）初頭に再テストで合格して九〇式艦戦となった。形状はボーイングに似ているが、航空機の生命ともいえるエンジンも含めて日本人が初めて設計した作戦機であり、当時の運用者が好んだ運動性は世界一とさえいわれた。有名な「源田サーカス」も、これで行なわれたといわれる。

3　用兵サイドも組織確立

航空兵科離陸する

日本が航空機を直輸入した時代は案外短く、一九二〇年頃からライセンス生産あるいは外国人技師に依存しながらの「国産」に移行した。このパターンの国産が一部では一九三五年頃まで継続する。だが一九三〇年前後に師匠の下から旅立ち始め、一九三五年頃には自立に成功する機種もある。面白いことに運用者の態勢も、その頃に自立を迎えるのである。海軍航空については零戦や空技廠に関連して書き尽くされているから、陸軍航空について観察しよう。

陸軍工兵科は単なる土木屋だけの集団ではなく、鉄道、通信、電波兵器、船舶などに関する技術将校集団の総元締めであったが、航空大隊を新設する一九一五年、まず交通兵団なるものを編成して、その枠の中へ設置した。将来の有望職域をガッチリ工兵科で押さえておくためである。だが前年の青島攻撃でも活躍したヒコーキ野郎たちは鉄道隊や電信隊と一緒にされるのは真っ平だった。

現在なら交通工学の中にデンとして航空工学があるから自然な姿のようでもあるが、当時は気球部隊の延長として敵情偵察という要素も強く、必ずしも交通のイメージは当たらない。パイロットは各兵科の寄合所帯だし、飛行機の製作は砲兵工廠、補給は兵器本廠とバラバラである。よくも悪くも日本人の精神を忠実に反映するのが陸軍である。早く安心して帰属できるムラを作り、教育、補給、研究を統一して実施してほしい、というのが航空関係者の願いであった。

実にいいタイミングだったが、第一次大戦終了の翌年、フォール大佐以下、五七名のフランス航空団が来朝する。操縦や器材整備の教育を行なっただけでなく組織改編についても有力な勧告を行なった。そのお墨付きもあって一九一九年（大正八年）、中央では陸軍航空部、航空学校（所沢）、気球隊（近衛師団所属）が設置され、各師団では航空大隊が編成されていく。すぐには航空機を調達できないので名前だけのスケルトン（骸骨）大隊も含まれるが……。そして交通兵団は廃止された。

ちなみに航空部本部長は中将、航空学校長は少将である。まだ独立兵科でもないのに中将のポストを頂点に持ってくるのは大変な調整作業だったに違いない。この新事業を推進し、かつ最初の本部長となるのは工兵出身の井上幾太郎少将（間もなく中将に昇任）であった。だが「天の声」ならぬ「外国人の声」がないと話しが進まないのは今も昔も変わりないらしい。

井上中将たちは一挙に航空兵科として独立させたかったが、保守派から反対され、頼みの綱のフォール大佐も、「英国は航空兵科を独立させているがフランスは違うよ」と反対なので、どうにもならない。フォール大佐の主張は、航空部隊の指揮官や偵察員、操縦員は各兵科の戦術を良く知っていないといけないし、大隊長や連隊長といった指揮官も若くて元気でないと勤まらないから航空兵科を独立させるとロートルになった航空兵の人事に困るよ、というものだ。

だがフォール大佐は、航空兵科の独立を空軍の創設と混同していたのではないだろうか。英国は早くも一九一二年に陸軍と海軍の両飛行団をまとめて英国飛行隊（RFC）を創設し、ドイツのゴータ双発複葉爆撃機（爆弾搭載量五〇〇キロ、航続距離八四〇キロ）やのちのB29に近い大きさのリーゼン（巨人）三発複葉爆撃機（爆弾搭載量二トン）のロンドン爆撃に対抗するため一九一八年には空軍を独立させている。

大正８年に来日したフォール大佐を団長とするフランス航空教育団。操縦から射撃、爆撃、偵察、そして機体製作に至るまで大きな影響を与えた。

平和が戻ってくると陸軍も海軍も、「空軍を必要とする非常事態は終わったから、解体して航空部隊を返してくれ」と要求するが、一九一九年から一〇年間、空軍参謀長を務めたヒュー・トレンチャード卿は、「空からの植民地統制の経済性」を根拠に議会を味方に引き入れ空軍を守り通した。彼こそが英本土防空戦《バトル・オブ・ブリテン》の知られざる守護神である。そしてフォール大佐が帰国するや、何とフランスも空軍を創設してしまう。

だが航空関係者は凄い手を打った。陸軍航空部は明らかに大臣の下部機関、軍政機能であり、軍令すなわち指揮機能ではない、というのだ。当時の表現だと勅令機関である。これだと軍令の権限の一つである教育任務に触れることができず、航空教育も教育総監に委ねざるを得ない。そこで「教育総監部のヤツらにうちの高度な教育を任せてなるものか」と、陸軍航空部令の第一条に「陸軍航空部は航空に関する調査・研究及び立案、専門教育、器材の製造・修理・購買・貯蔵・補給及び検査を掌る」とサッサとも今も「象徴的大統領」も含めた元首である。

この軍令に似た「神聖さ」は教育界にも認められた。とくに帝国大学は、「俗権」に服従しない中世以来の特権を欧州の大学から持ち込んで模倣生産（？）し、「大学の自治」の旗の下に数々の特権を享受する。世間も、行政府とは違う価値観を軍人や学者が持つのを許したし、陸海軍次官（政務次官はいたが現在のような事務次官という表現はなかった）の中将よりも現場の軍司令官や艦隊司令官の中・大将が先任であることや、東京と京都の帝国大学総長の年俸が文部次官よりも高いのを不思議がる人はいなかった。

今は予算編成権をバックに大蔵省を頂点とする行政府が強力な権限を持ち、また大学紛争を通じて大学の前近代性と管理能力の欠如が明白になった結果、世間も大学の特権を許さなくなってきた。だが自衛官や大学教授に「能吏で名管理者」の素質ばかりを求めていると、官界や経済界とはひと味違う価値観や崇高な精神は絶滅するのではないだろうか？

盛りこんでしまった。

軍医総監（これはポストではなく階級である）を戴く陸軍衛生部が軍医教育に責任を持つのと同じ権利を要求したのだ。ただし医者は非戦闘員だが航空はレッキとした兵科である。陸軍の伝統に反すると教育総監部はカンカンだったが、「航空教育は器材と分離しては成立しない」という航空側の主張は何とか認められた。

航空側もホッとした。まだ独立兵科ではなく、工兵の一分科だからという理由で、鳥人たちが工兵の基礎教育を強要される恐れは解消した。これを認めた陸軍も大した度量である。陸軍といえば頑固で、頭もコチコチで、という芳しくないイメージが戦後、定着して

コラム⑪●軍令と軍政

「軍の統帥権を持つ天皇に直結する軍令は、総理大臣に直結する軍政に優越した」という解説を読む戦後世代の多くが、「軍令とやらは天皇中心主義、軍国主義の象徴」として憎悪する。確かに統帥権の独立を乱用して軍部が日本を破滅に導いたが、明治初頭にドイツの政治制度や軍事制度に倣ってこのシステムを導入した時は、それなりの理念があった。

軍政ひいては行政は、いわば俗事である。神聖さや精神的な崇高さは必ずしも必要ではない。ところが部下に死を強いることもある軍事行動の命令は、政変でグルグル替わる総理大臣や陸海軍大臣の名ではなく、やはり国家の精神的、歴史的な象徴（と明記するのは新憲法であるが）である天皇から下すべきである——とする考え方であった。

かつての日本のような「統帥権の独立」はなくキチンと総理大臣の補佐を受けているが、どの国でも国軍を指揮するのは昔

しまったが、戦車や航空の開発史を調べると、少なくとも大正時代については、これは正しくない。最終的には教育総監部も航空の必要性と特殊性を認めて合議書（旧軍や自衛隊では稟議書をこう表現した）にハンコを押したのである。そして陸軍省軍務局には歩兵課、騎兵課、砲兵課などと並んで航空課が設けられる。

大正末期に宇垣軍縮が進むなかで航空、戦車、高射砲の部隊は新設あるいは増強され、一九二五年（大正十四年）、空色の襟章を着用する航空兵科が独立する。六つの飛行大隊は飛行連隊に昇格するし、所沢から分かれた下志津（千葉県）と明野（三重県）の分校は各々飛行学校に昇格する。

航空本部が発足した翌年、本部長のポストも大将に格上げされた。初代本部長は安満欽一中将だったが、間もなく育ての親の井上幾太郎大将が着任した。三つの飛行学校の校長は少将だったのを、どこか一校は中将をあてることが認められた。軍縮で浮いた経費だけでなく貴重な将官ポストも貰ったのである。

なお航空部の誕生の際に神聖な軍令部門の一つである教育機能へ食い込んだが、単に学校経営だけでなく航空兵科部隊の検閲も実施する権限を獲得していた。だから師団に隷属している飛行隊を検閲して上司の陸軍大臣に報告するとともに、本来は自分の縄張りと思っている教育総監（一般には教育総監の下の砲兵監や工兵監が自己の兵科について検閲する）や上官の師団長に通知してきた。ところが今度は師団長より偉い大将が実施に来るのだから、師団における飛行連隊の株も上がる。

このポストには航空屋だけが就くのではなく、陸軍大臣になる前の東条英機大将のようにゼネラリストすなわち素人も就任するが、たいてい就任中に航空シンパになり転出後も応援団になってくれる。

これに続いて海軍も一九二七年（昭和二年）航空本部を設立するが、本家の艦政本部長でさえ中将なので、分家の航空本部長に大将を据えることはできなかった。また分家にあたって艦政本部からいろいろと妨害されたが、それは急速成長に対するヤッカミだけでなく大艦巨砲主義のせいもあったらしい。陸軍の航空部、航空本部設立にあたっては、教育総監部から教育訓練の権限委譲に関して「正当な」異議申し立てはあったが、不思議と技術行政の本家である技術本部とのゴタゴタはなかった。

実質的には空軍となる

航空部創設の際に、実質的には航空本部創設と変わらないほどキメ細かい手が打ってあるので、航空本部が設置されても機能、編制は大差がなかった。変わったのは、器材行政において「製造」の任務がなくなり、「審査および制式の統一」が加えられたことだ。製造は陸軍砲兵工廠（小石川）や民間に任せ、研究と審査に徹する。そして炯眼というべきは、今からは工廠ではなくて民間の出番だと見抜いていたことである。

また中将という偉い航空部本部長の下に補給部と検査官しかいなかったのに、今度は大将の下に検査部と技術部（もちろん総務部も）ができた。実際には井上幾太郎のような航空本部長ピッタリの大将はなかなか見当たらないから、その後は中将ばかりが補任されるのであるが……。技術部は最初、所沢にあったが一九二八年（昭和三年）になるとサッサと立川へ移転させる。実質的には航空本部の技術研究所といえる。

一九三三年（昭和八年）五月には天皇の行幸があった。書類しか置いていない航空本部ではなく技術部への行幸なのに、航空本部の機関誌には、やたらに「かしこくも大元帥陛下、わが陸軍航空本部へ」の表現が羅列されている。今も昔も組織人間の事大主義指向に変わりはない。だが、たかが技術部が行幸を奉請できたということは、時の陸軍の首脳が航空技術の重要性を深く理解していたことを物語っている。もっとも臨席した、ある海軍士官は「器材よりも飛行作業の天覧に重点を置かれたるが如し」と記しているが……。

この翌々年の一九三五年、ついに技術部は航空技術研究所（所長は中将）に、補給部は航空廠に昇格した。技術、すなわち整備に従事する将校や少年兵のために航空技術学校が所沢に設けられる。何とそれまで二〇年以上も整備屋の教育は、今でいうＯＪＴ（現場教育）でしかやってこなかったのだ。やや遅すぎた感はある。そして航空本部の技術行政業務に航空燃料および工場監督業務に関する事項が明記された。

そして翌一九三六年（昭和十一年）には、天皇に直属（当時の表現では直隷）して全飛行部隊を統率する航空兵団長が誕生する。これも大将のポストだが、初代兵団長には遠く一九一〇年（明治四十三年）代々木練兵場でフワッと飛んだ徳川好敏中将が任命された。これも適任である。何ごとも行政中心に考える今の人々には「航空本部という強力な機関があれば十分ではないか」と思われそうだが、軍令事項の一部を司るだけで、あくまでも陸軍省の行政機関である。そしていくら高官でも天皇が直接任ずる親補職ではない。

ところが航空兵団長は親補職の指揮官であるとともに部下飛行部隊の動員計画を監督する。まだ装備、経理、衛生といった機能はないし（仕方がないから、もよりの師団の世話になる）、航空本部長の権限が兵団長を飛び越して飛行部隊に及ぶなど不自然な点は多いが、一応現在の航空自衛隊における航空総隊司令官に似たポストも組織も出来上がった。実質的には空軍である。

航空士官学校の開校

この航空兵団司令部新設についても、教育総監部からは正論ともいえる反論が寄せられる。

「わが教育総監部に航空兵監部を設置しなさい。航空本部職員の兼任でもかまわない。今は航空力強化の過渡期だというなら大目に見るが、将来的には教育の一元化が原則です。各兵科への航空についての教育、各兵科との共同訓練のためにも教育総監部に航空兵監部があった方がいいですよ」というものだ。これに対する返答は、二年後の航空総監部設立という高飛車なものであった。

航空一族は教育総監部に従うどころか、航空士官学校の新設を要求する。すでに一九三三年、満州事変の余波を受けて陸軍航空の拡張が始まるが、陸軍士官学校本科の教育は依然として地上兵科中心である。航空兵科の将校たちはカッカして陸軍航空士官学校の設立を要求し始めた。パイロットの卵たちに「馬学」、とくに獣医まがいの馬の衛生学なんか要るものか。兵器学や築城学も歩兵や砲兵向きの教育であり、航空兵向きではないではないか。

それを宥める決まり文句は、ムラの雰囲気を尊ぶ日本社会どこでも使われる「○○の一員である以上は……」であった。「多数派がやることには少数派も付き合わねばならない。そうしておかないと師団長などになって彼らの上に立ったときに困るよ。あるいは上に立てないよ」という論理だ。だがムラの論理だけではパイロット教育は進まない。地上兵科だと士官学校を卒業し少尉に任官すると一人前の初級幹部として部隊勤務ができるのに、航空兵科の方は、実技も座学も一から教えないといけない。しかも実技教育は若いほど効率が良いとされていた。

航空兵科の本音は空軍の独立にあった。だが、これは今日想像する以上に大問題であった。まず海軍が反対する。そして陸海軍以外の軍種が登場するとなると憲法にも抵触する。憲法改正などの畏れ多いことは軽々しくできないという「空気」は今も当時も変わらなかった。

だからせめて教育だけでも自前でやりたい。この独立運動を抑圧したのは当然のことながら教育総監部であった。

「陸軍将校団結の要は士官学校における一貫教育にある。それを乱すことは許さん」というのが殺し文句である。これは米国のように、士官学校卒業生とその何倍かのROTC（一般大学の予備役将校訓練隊、実際には生涯軍に止まりパウエル大将のように統合参謀本部議長となる者も少なくない）課程修了者とで将校団を結成させ、公平に競争させる国との違いともいえる。

日本も帝国大学や高等師範、女高師、高等商船については、東京にだけ設けて独占のあぐらをかかせてはいかんと京都、広島、奈良、神戸に競争校を設置したが、軍人教育の場合は生死を共にする職務なるがゆえに、複合社会よりも「同じ釜の飯を食った仲」の一枚岩のメリットの方を重視して一校独占主義を選択してきた。だから論理的には当然の主張かもしれない。その結果、教育独立運動はさらに後退して航空分校設置を要求するに止まった。

日華事変勃発の前後に絶好の機会が訪れる。一九三六年、士官学校本科の市ヶ谷台から神奈川県相武台（現在の米陸軍座間キャンプ）への移転が決定されたのだ。生徒定員の拡大と各兵科ごとの専門教育を徹底するための演習場取得が必要になったからである。実施されたのは翌年の夏であるが、これに乗じる形で航空分校の設置も認可され、翌年十月に所沢に開校された。

予科の二年間は同期生が「同じ釜の飯」を食い、つぎの二年間は地上兵科と航空科に分かれて教育を受ける。そして一九三八年十二月十日には晴れて航空士官学校に昇格した。

この昇格と同じ日に陸軍航空総監部が創立され、陸軍航空には最良の日となった。お陰で生まれてホヤホヤの航空士官学校は、教育総監の隷下ではなく航空総監に隷属することができた。だが、よいことばかりではない。航空本部も残ったから「二位一体」と自称はしたが、「屋上屋」の弊害は避けられなかったようだ。

陸軍流と海軍流の航空機開発

陸軍航空はドイツや米国と同じ思考で、もっぱら民間に試作や生産を任せた。ここが海軍との違いで、一九四〇年に陸軍航空工廠が誕生しても民間の指導や搭載兵器の実験に徹した。神代の頃は別として、戦時中には一九四四年に三菱一〇〇式司偵の改造設計（三乙型）を、敗戦の年に地上襲撃機キ93を手掛けただけである。

海軍は、横須賀工廠航空機部の発展した空技廠こと航空技術廠や各地の工廠航空機部が昇格した「〇〇航空廠」に民間企業と区別なく試作・生産させた。これらの官有官営工場が、どれほど日本の航空技術発展に貢献し、戦後活躍する人材を育てたかについては広く喧伝されてきたが、ここで試作された機体が高性能は示したものの、その戦力としての貢献には疑問を抱く人も多い。

先述の七試計画でも、七試陸上攻撃機は無競争で「海軍」が受注し、広工廠（呉工廠広支廠が昇格）航空機部で設計製作され、三年後に双発の九五式陸攻として制式制定されたが悪評だった。

実は七試計画決定に先立ち、海軍航空本部は航続力の大きい洋上攻撃機として大型飛行艇と大型陸上機との優劣を比較の上、大型陸上攻撃機試作の方を選んだのであるが、工廠側は大型陸上機を手掛けた経験がなく、自らが試作したものの量産に至らなかった九〇式、九一式飛行艇を参考に設計したといわれる。

三菱や川崎ならば陸軍のご用命で、ユンカースやドルニエのイミテーションとはいえ九三式重爆や九三式双軽爆、九三式単軽爆の設計・生産をすでに経験していたのである。あえて官が挑んだ九五式陸攻は鈍重で細部に欠点が多く、すぐに日本最初の引込脚を採用した三菱の八試特殊偵察機が九六式陸攻として追い着いて来たこともあって六機で生産は打ち切られた。

今や陸海軍一体になって企業の大型航空機開発能力を育成するべき時期に、まだ官が何でも手掛けたいという方針が見える。

効率よい量産態勢が叫ばれる戦時になっているのに、研究機ではなく量産期の設計や試作まで空技廠で行なって評判の悪かった例が艦爆彗星と陸爆銀河である。彗星は一九三八年の時点では一三試艦爆であり、零戦に求めた五〇〇キロ／時を越える最大速度五二〇キロ／時の要求に応えるため、小型軽量に徹し空力的にも洗練された高速試作機は二年後に五五二キロ／時を見事に示したが、実用化までに五年もかかって戦機を逸した。

試作五機のうち二機はミッドウェー作戦に流用されて海没し、一機は空中分解して本来の実験機が不足したことを設計者の山名正夫技師（のちに東大教授）自身が嘆いている。

最終的には五八〇キロ／時の高速性を示したが、研究的な試作機が生産性、信頼性を欠いたまま量産に移った感があり、とくに小型化のためにダイムラーベンツから導入してライセンス生産した水冷エンジンの整備に部隊は手を焼き、可動率は極端に低かった。生産性が低いにもかかわらず零戦、一式陸攻に次ぐ二〇〇〇機以上が愛知で生産されたのは驚異的なことである。

やはり零戦並みの速度を求められ、これもエンジンの不調から設計より四年後の一九四四年十月に最大速度五五五キロ／時を示して採用された双発の急降下爆撃機銀河では、彗星の失敗に懲りて加工工数を減らすために型鍛造の部品を多用したが、この複雑な型鍛造は当時の現場には難しすぎ、生産する中島では機械で削り出さざるを得なかった。

これも彗星同様、小型軽量で空力的には優れた機体であったが、一八〇〇馬力の高出力に期待して採用した中島の「誉」エンジンの低信頼性から可動率は低く、実際に任務に就くのは一九四五年初期であり、もっぱら特攻機となる悲惨な運命が待っていた。

俊才を集めた海軍の研究機関が開発したからカタログ上では高性能を発揮したが、余りにも多くの研究的要素が取り入れられたり、生産を担当する工場との連絡が一方的だったり、生産技術水準の理解が不十分だったりで、生産性と整備性について多くの問題を残したといえよう。

大量に不足した航空要員

航空兵科教育の管理を巡る執拗な要求は、あたかも学園管理の主導権を巡っての理事たちの争いのようだが、陸軍航空にはそれなりの理由があった。陸軍航空は二〇年足らずで予算的にも戦力的にも他の兵科に見られないほど急速な成長を成し遂げる。それが時代の要請だったのは事実だが、急速に成長した組織体共通の歪みや悩みがあった。その一つが人材の育成である。

航空兵科士官候補生が誕生するのは四〇期生（一九二八年に士官学校本科を卒業）からなので、それ以前の期については他の兵科、とくに騎兵からドシドシ転科させたが、何しろ普通の軍隊以上に特殊な専門家集団である。今でも大手企業や自衛隊は中途採用に消極的だが、いわんや七〇年も昔のことだ。できるだけ若いうちから「同じ釜の飯」を食わせて集団の意識を持たせたい。それには航空兵科士官候補生の大幅増員しか手はなかった。

表16　士官学校卒業期別の航空科士官数／全士官数

期	人数
37	17／302
38	19／340
39	15／292
40	24／225
41	21／239
42	19／218
43	22／227
44	19／315
45	25／337
46	29／338
47	22／330
48	36／388
49	43／471

航空要員が大幅に増員される五〇期生（一九三八年に本科を卒業）以前の航空科士官数トレンドは表16のとおりである。三九期生までは地上兵科からの転科であるが、三七期（一九二五年に本科を卒業）から約一〇年間は二〇名強のほぼ横ばいで、四八期からやや急増する。毎年の士官学校卒業生は四八期までが約三〇〇名だから約七パーセント、四九期から満州事変の影響もあって四七〇名となったが、一〇パーセント弱しか回してもらえない。だから航空士官学校の創設と管理は、早く飛行機乗りの釜の飯を食わすだけでなく、馬術や馬の衛生学に替えてもっと重要な座学や実技を若いうちに教え、かつ量的にも要員を確保する上で是非とも切実だったのである。

将校養成数の根拠として、全国の飛行中隊に毎年、ほぼ一人の新品少尉が着任するようにというもので、これは一飛行中隊には将校が約二五名必要という前提に基づいていた。この前提は、士官と下士官の望ましい人数比は一対二で、これは単座機が三機で編隊を組む場合に編隊長に士官をあてるという習慣に基づいている。だが将来の航空戦力拡充や陸軍大学校を経て師団や軍の司令部へ一般幕僚として「航空村」から転出する損耗を考慮するとまだまだ足りない。

表17　陸軍航空戦力（飛行中隊）の拡充

年	戦闘機	軽爆撃機	重爆撃機	偵察機	合計
1937	21	12	9	12	54
1938	24	16	17	13	70
1939	28	26	19	18	91
1940	36	28	22	20	106
1941	55	33	33	29	150

（注）数字は予算化時期で整備は約1年後。

一九三二年に二七個飛行中隊（在満九個）だった航空戦力は、一九三五年には五二個中隊（在満一八個）と倍増され、太平洋戦争寸前には六倍の一五〇個中隊（一個中隊約一二機）に拡充されていく（表17）。だが南方の空で過酷な航空消耗戦に突入すると乗員の消耗が地上兵科とは比較にならないので首脳部は狼狽する。だがこれは、日華事変初頭に海軍陸上攻撃機が南京への「渡洋爆撃」を行なって約三分の一の乗員が失われたときに予測できたものであった。勝ち戦でありながら三分の一を失うという例は地上戦では滅多にないのである。

なお太平洋戦争に突入する頃になると、士官学校予科の同期生数は約二四〇〇名に拡大され、そのうち航空士官学校へ進む人数は約八〇〇名と約三分の一の比率になっていた。兵学校も同期生一〇〇〇余名のうち三五〇名と、航空要員はこれまた約三分の一を占めていた。

4 「遠戦」隼の誕生

先制攻撃の航空撃滅戦へ

日本の航空技術が、ようやく西欧並みとなった一九三七年（昭和十二年）、陸軍は画期的な航空充備計画（今なら整備計画）を策定する。まず航空戦力の拡張であるが、一九三三年に作成された飛行約二七〇個中隊という大風呂敷を貧しい地上装備とのバランスから約一七〇個中隊に、さらに一五四個中隊に縮小し、そこへ二・二六事件にともなう自粛もあって一四二中隊案に落ち着いた。いい換えると、航空一族が自分たちの理論構築による必要性から算出した機数が陸軍全体の同意を得るために削られたのである。

敗戦間際になると、基本的には陸軍戦力を地上と航空に、海軍戦力を艦艇と航空に、各々二本立てに構成する必要性を万人が認めたが、当時はソ連はおろか欧州の中級国と比較してもまだ貧弱な地上戦力の近代化を絶対のものとし、それを崩さぬ範囲で航空を優先的に拡充するのが原則であった。それを裏付ける標語が一九三五年頃に出現した「地上絶対、航空優先」である。

この決定を嘆く空軍至上主義的な論議も少なくないが、当時の陸軍の仮想敵国は「オレンジ計画」を掲げる米国ではなく、経済も安定し軍備拡張を進める極東ソ連軍であり、ペイロードの小さい軽爆による航空攻撃だけでは食い止められそうにない相手だから、地上戦力を無視して航空のみに投資するのは無謀であろう。航空も含めた在満兵力の兵備充実が大きな課題だった。

だが一二年前に歩兵や砲兵と同列の独立兵科として認められた陸軍航空は、それらの地上兵科をまとめた地上戦力と対等ではないにしろ、並列する準独立軍種として戦略的にも作戦的にも認知されるようになった。その証拠に、地上作戦の推移に応じた偵察や爆撃を支援的に行なうだけではなく、独力で航空作戦を行なうことが認められた。独力で敵地上軍を殲滅する能力などはまだないから、とりあえず独力でできるのは敵航空戦力の撃滅、いわゆる航空撃滅戦（撃滅戦とも表現）である。これはすでに一九三三年度の航空作戦計画において認められ任務も付与されている。

とはいえソ連の作戦機は約五〇〇〇機、極東だけでも一〇〇〇機と推定された。日本は世界で五、六番目の陸軍航空国とはいえ二八個中隊では三〇〇機に過ぎない。在満戦力は一〇〇機程度だから一対一〇の劣勢である。これで勝つには先制攻撃、それも奇襲でないといけない。劣勢だからこそ敵を待ち受ける「邀撃」ではなく、撃破効率のいい攻勢を取ろうというのである。

かつて防衛研究所戦史部や防衛大学校で陸軍航空軍制史を精力的に研究した三田村啓氏は、その数年前から確立されてきた新しい運用構想が装備や作戦に要求するのは、つぎのような機能であったと結論づけている。

一、敵航空基地への進攻能力すなわち航続力に富んだ爆撃機や戦闘機
二、敵航空基地への偵察能力すなわち航続力に富んだ偵察機
三、航空部隊の機動性すなわち航空基地の円滑な推進能力

ついに陸軍も航続力の長い戦闘機を求め始めたのだ。爆撃機の航続力は、日本でもそれほど貧弱なものではない。今の表現を用いると、敵の最前線を攻撃する「近接航空支援」だけでなく、もう少し奥深くまで飛んで敵の物資集結地や後方補給線を攻撃する「航空阻止」までやろうという意志は、航空後進国、日本でも持っていたからである。

三菱と中島に競争試作させたが優劣つけがたく、機体は三菱、エンジンは中島という政治決着で有名になった双発九七式重爆（一九三六年、制式制定、最高速度四七八キロ／時、最大爆装一トン）の航続距離は二七〇〇キロに達していたし、三菱の九七式軽爆（一九三七年、制式制定、最高速度四二三キロ／時、最大爆装四〇〇キロ）も一七〇〇キロ飛んで行動半径は数百キロ以上に及んだ。

だが同じ遠くでも、敵航空基地への進攻となると敵戦闘機が舞い上がってくる。問題は足の短い戦闘機のエスコート能力であった。ドイツや英国は双発のBf110や単発のフルマーといった複座戦闘機を開発した。速力と航続力はあり武装は機銃を機首にも後部座席にもゾロゾロ載せて強化しているが、重戦だから格闘戦では見劣りする。デファイアントのように航続力も格闘力もないというお粗末なのもあった。ところが日本陸海軍は、ともに格闘力の弱い複座戦闘機に余り興味は示さず、格闘能力を落とさないで速度と航続力はある単座戦闘機を要求する。

パイロットは航続力を「足」というが、足の長いことが日本の戦闘機の特徴となってきた。だが運用者の要求をまとめると、どうしても軽武装軽防御の軽戦闘機（軽戦）にならざるを得ない。防御力が弱く人命軽視の現われと戦後の評論家に叩かれる素地は、この運用要求から発している。

　しかし、零戦の開発に関するまたとない語り部である奥宮正武氏が数々の著書で力説するように、防御力の弱さは戦技で補えるが速度や航続力は飛行機が完成してしまってからはどうにもならない。それに装甲板を張るよりも軽くしたいというのは現場の声でもあった。こうして世界でも希な足長の軽戦が登場する。

甲式4型に代わる新型機として、3社競作の後、中島試作機をさらに改修して昭和6年に完成した高翼単葉の九一式戦闘機。

究極の複葉機となった九五式戦闘機

　現在の戦闘機は機能的につぎの三種類に大別される。
一、航続力があって敵地の空まで制圧し、攻撃機のエスコートもできる制空戦闘機（F4、F15など）
二、短時間にロケットのように急上昇できる迎撃・防空戦闘機（典型的なものがF104）
　自衛隊では「邀撃」の当て字として「要撃」を用いている。
三、かつては軽爆の任務であった近接航空支援を行なう支援戦闘機（典型的なものがF16）
　一般にはある程度の多用性があってトルネードやF16もそうだが、どれにでも使える。だが当時の戦闘機はもっぱら迎撃だけを求められていた。英語ではfighterだがフランス語ではavion de chasse（狩り）すなわち駆逐機であり、彼我の接触線周辺の戦場上空から敵を駆りたてるだけでよかった。牛若丸のように身軽な格闘戦機能が非常に重視されたので軽戦となり、やぼったい複葉機ばかりである。そこへ進攻戦闘機という表現で今の制空戦闘機の概念が登場する。

ちょうど海軍もロンドン軍縮条約で間接的に制限された艦載戦闘機の数を質で補うべく、速度や航続力に富んだ九試単戦に取り組んでいた。だが設計者をあまり束縛しないよう着艦要求だけでなく航続距離の要求も「固定タンクによる燃料搭載量二〇〇リットル」と緩和されている。

ところが陸軍の新しい運用構想では、せめて三〇〇キロ程度の進攻距離は必要であるとされている。東京から中京地区までの行動半径である。ところが一九三五年に陸軍の全戦闘機を占める高翼単葉の九一式戦でも航続時間は公称二時間、これは一八〇キロ／時程度の巡航速度での性能だから静岡あたりで引き返さざるを得ない。当時の戦闘機は、これほど「短足」だった。

この頃の試作戦闘機に対する運用要求を見ても、航続距離などは記載されていないか搭載燃料量で間接的に示されているに過ぎず、格闘性能や速度、上昇力しか現われてこないが、現実には速度とともに航続力も向上していく。

海軍機は陸軍機よりも航続力を重視していたが、それでも優先度は格闘性能、速力のつぎになる。一九三五年に零戦の先輩となる三菱の九試単戦（採用後は九六艦戦）を制式制定する際に、複葉の九五式艦戦の格闘性能を惜しんで、これも残すようにという横須賀航空隊の要求を巡って海軍も大議論を行なっている。横空を代表して会議で九五式艦戦保存を強硬に主張したのは源田実大尉だった。

同じ年に陸軍は単葉九一式戦の後継に複葉の九五式戦を制式制定する。一見後ろ向きのようだが、航続力は大幅に伸びた。これは完全に外国のコピー色を払拭した川崎の「究極の複葉機」キ10で、やはり運動性を重視する運用者の判定により、速度では二〇〇キロ/時も優っていた中島の低翼単葉キ11を蹴落として採用されたものだが、航続距離は一一〇〇キロと九一式戦の二倍以上あった。

量産の契約機種が何もなく経営状態が悪化していた川崎を救済するための採用ではないかという噂もあったが、増槽に頼らずに航続距離一一〇〇キロとは大した実績で、これなら三〇〇キロ進攻し、十分に戦闘を行なって帰還することができる。審査のときに三菱が研究用にフランスから購入した低翼単葉の新鋭重戦闘機ドボアティーヌD510との比較試験が行なわれたが、速度は四〇二キロ/時でほとんど変わらず、航続距離も八〇〇キロではるかに短かったとされるから、キ10の航続距離が一一〇〇キロであった信憑性は高い。

日華事変初頭には合計八個中隊（一個中隊は定数一二機）を保有したが、同じ複葉機仲間の英国製グラディエイターやソ連製I15などを薙ぎ倒す優秀機であり、国産技術が舶来技術と同レベルに向上したことを実証した。同じ一九三五年に採用された中島の九五式艦戦と比較すると、運動性こそ翼面積の大きい九五式艦戦に劣ったが、七二〇馬力対六〇〇馬力というエンジン出力の差もあって、速度では三五〇キロ/時に対して四〇〇キロ/時、航続距離も

表18　日本軍戦闘機の年代別性能

年	機　種	馬力	最高速度（km／h）	航続距離（km*=時間）	その他
1931	中島九一式戦1型	450	300	2*	高翼単葉
1932	川崎キ5試作機	850	320	1000	逆ガル式低翼単葉
1935	中島九五式艦戦	600	350	3.5*	複葉
1935	川崎九五式戦1型	720	400	1100	複葉
1937	三菱九六式1号艦戦	600	406	1580	逆ガル式低翼単葉 160リットル増槽
1937	中島九七式戦	650	460	627	130リットル 増槽2個1700キロ
1940	三菱零式2号艦戦1型 A6M2	950	518	2200	引込み脚 160リットル増槽
1941	中島一式戦「隼」 キ43Ⅱ甲	1150	515	1620	200リットル 増槽2個で3000キロ

三〇パーセントも凌駕している。

同年、三菱の九試単戦（零戦の元祖）は最高速度が四四〇キロ／時に達して関係者は狂喜乱舞するが、堀越技師の決心で採用した競争相手、中島のエンジン「寿」五型は故障が多いので三型に換え、それでも油もれなどが続いたため九五式艦戦で実績のある二型改一に換装する。その結果、初の低翼単葉戦闘機である九六式艦戦として一九三七年十一月に制式制定されたときには最高速度は四〇六キロ／時に低下してしまった。出力が六三〇馬力だから仕方がないが、同年二月に九五式戦の二型試作機が四四〇キロ／時を記録したのと比較すれば九五式戦の素晴らしさが理解できる（表18参照）。

増槽つきの単葉機九七式戦

だが陸軍は優秀な九五式戦を採用しながらも、高速性が求められる進攻戦闘機にはこの最高速度四〇〇キロ／時の複葉機では無理だと判断する。格闘戦は大好きなのに九五式戦を溺愛してグラディエイターやCR42のような後継機に進まなかったのは、海軍が九五式艦戦を打ち切ったのと同様の英断といえる。事実、九五式戦もノモンハンの空では単葉のI16にはかなわなかった。そこで陸軍が期待したのが一九三七年制式の、陸軍初の低翼単葉機九七式戦である。

昭和10年に完成、制式採用された陸軍の九五式戦闘機(上)。昭和9年に九〇艦戦の向上型として完成した海軍の九五式艦上戦闘機(下)。陸海軍共に複葉機の最終型ともいえる機体だった。

　この試作競争も激烈だった。一九三五年に「九五式戦と同種の操縦性を持つ快速機」として川崎、三菱、中島に基礎設計を求め、翌三六年三月、これらを審査の上、三社に競争試作を命じる。最高速度四五〇キロ／時以上の単発単座、できる限り軽量で格闘性能を求め、五〇〇〇メートルまで六分以内に上昇、七・七ミリ機銃二梃という貧弱な武装を要求するだけで、ここでも航続力の要求は記載されていない。だが西欧の契約社会とは異なり、「ここだけの話だが」の通用する日本では、明文化すると達成できなかったときに発注者も困る項目などは「担当者レベルの了解事項」とする場合が多い。航続力についても、こう扱われたのではないかと思われる節がある。

評価試験においても三社の試作機いずれも甲乙つけ難く、最後は陸軍が最優先する旋回性能で採用が決定された。前回の九五式戦採用のコンペで惜しくも敗れたキ11に続き、自社独自でキ12（重戦闘機）やPE機といった低翼単葉機の研究機を試作してきた中島のキ27が採用になる。この燃料タンク容量は三三〇リットルで、これによる航続距離は三五七〜八五〇キロであるが、陸軍の記録としては六二七キロという数値が採択されている。

ところが左右の主翼下面に一三〇リットル入りの流線型増槽が一個ずつ装備されると、最大一七〇〇キロも飛べるようになった。海軍はすでに九五式艦戦に不時着水の際の浮舟を兼ねた増槽二個を装備していたが、これは陸軍で最初の増槽であった。これを求めた「影の要求性能」の存在が想像されるわけである。

官側は、開発中から胴体内にタンクを設け航続力の向上を迫っていたという。だがキ27を設計した小山悌技師以下のスタッフは、安全対策上、燃料タンクは胴体内に設けずに左右の主翼付根にまとめ、緊急の際には排出口から機外へ捨てるよう設計していたので、そんな危険な構造への改造には応じない。一九三七年三月採用が内定してから十二月の制式制定までに一〇機の増加試作と改修が延々と続けられているから、この間に増槽の採用と試験が行な

昭和10年末に陸軍が中島、川崎、三菱の3社に低翼単葉戦闘機の競作を命じ、昭和12年末に中島の最終案が制式採用となった傑作機九七式戦闘機。

われたのではないだろうか。

本槽二〇〇リットル（後に三三〇リットル）に胴体下面に一六〇リットルの増槽一個という九六式艦戦よりも燃料搭載量ははるかに多いが、中国戦線での「短足ぶり」を見ると最初は増槽を使いこなせなかった感がある。英本土防空戦でドイツのBf109がなぜ増槽を使わなかったかの理由に、燃料が漏れるので危険で使えなかったと報じる文献もあるから、便利な器材とはいえ、初採用時期にはゴタゴタしたことは想像に難くない。

かなり生産された後の一九四〇年七月にもなってから、胴体内に増加燃料タンクを設けた九七式戦改が二機試作されたのも、それを裏付けているようだ。もっとも安全性を考慮して制式採用にはならなかった。だが、これからも陸軍側が航続力向上に並々ならぬ熱意を持っていたことが分かる。断固として胴体にタンクを設けなかった効果はすぐに現われた。ノモンハン事変や日華事変で不時着や落下傘降下した戦友を救いに着陸し、座席後

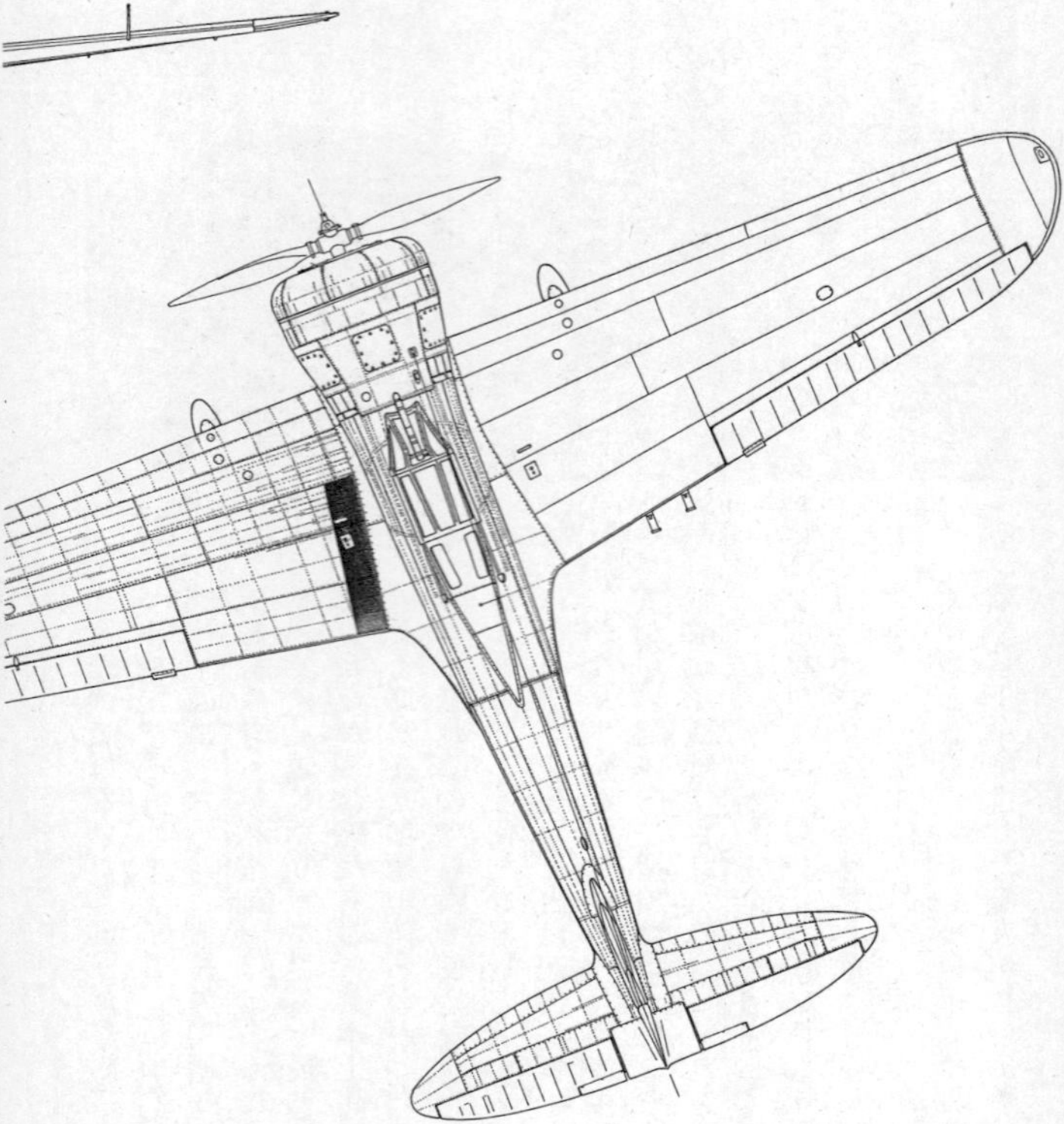

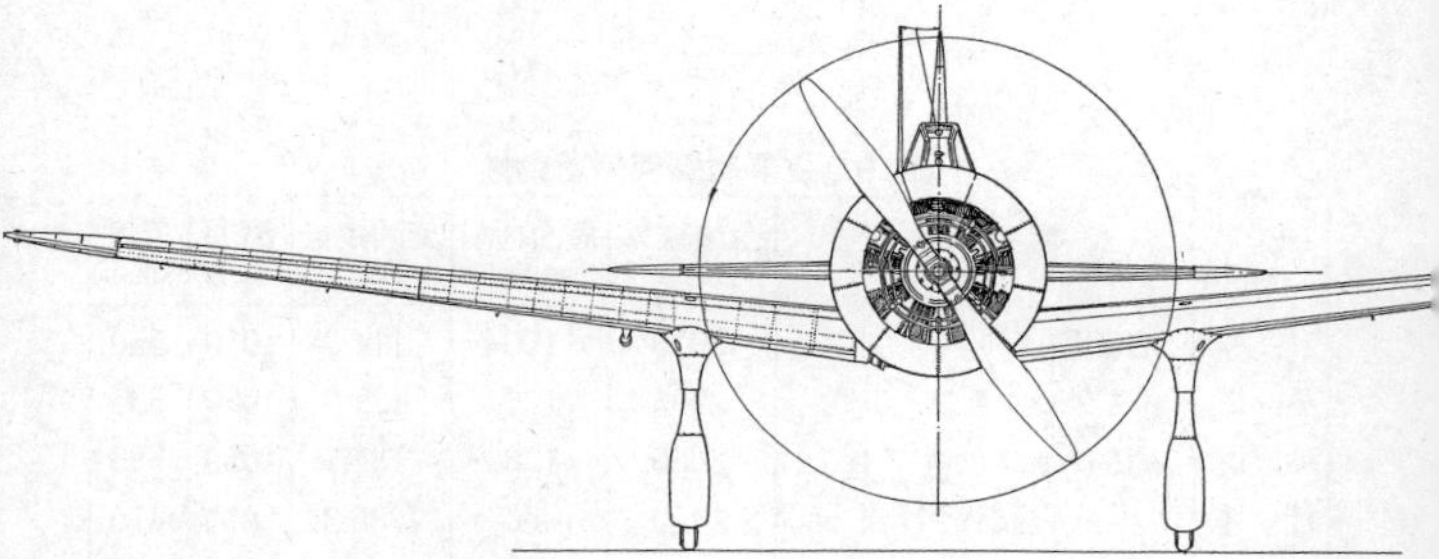

九七式戦闘機

全長	7.53 m
全幅	11.30 m
全高	3.25 m
全備重量	1790 kg
最大時速	460 km
乗員	1 人

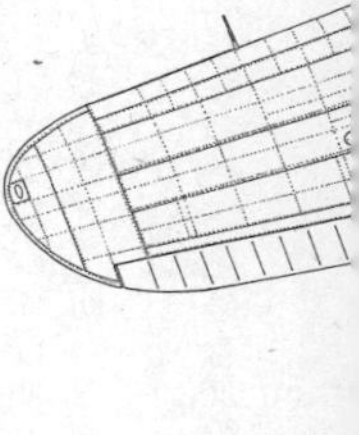

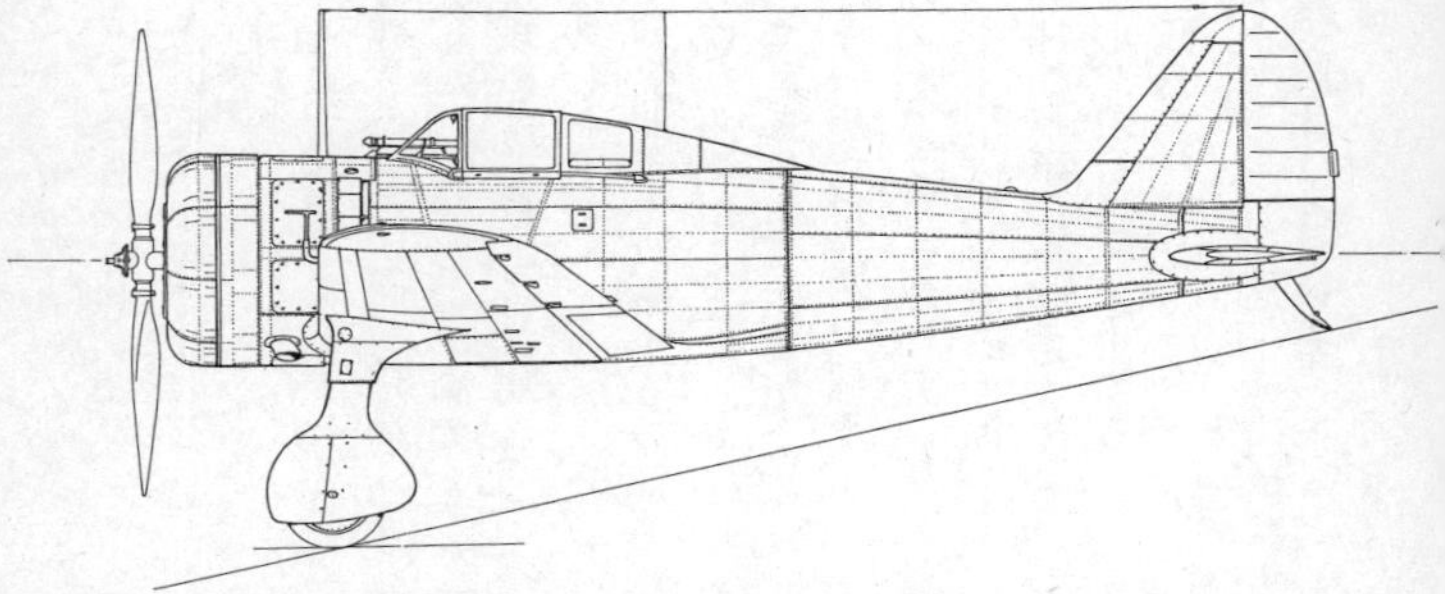

表19　主要戦闘機の運動性

国　名	機　　名	全備重量(kg)	翼面荷重(km/m²)	旋回半径(m)	出力(馬力)	速度(km/h)
ドイツ	Bf109E	2010	150	114.3	1050	550
英　国	ハリケーン1	2996	125	121.9	1050	535
英　国	スピットファイア1	3065	136	134.1	1050	585
日　本	九七式戦試作2号機	1490	80	右86.3 左78.9	870	470
日　本	零式2号艦戦1型A6M2b	2400	107	?	950	510
日　本	キ43試作機（のちの隼）	1950	90	82.0	1000	495

部の胴体へ収容してから舞い上がるという美談が続出する。滑走距離が一〇〇メートルそこその短い軽戦ならではの芸当であろう。

格闘性能の基本となる旋回性能と、それと相反する高速性の要求を満たしながらキ27は最高速度四六〇キロ／時、増槽付きで実用航続距離九六〇キロを達成した。これなら北満での運用構想で求められる三〇〇キロ進攻には十分応えられる。だが降って湧いたような南方作戦には苦しかった。

開戦の朝、台湾南部の基地からルソン島北部を攻略するのに、海軍の零戦は一八〇〇キロ近くの航続距離があるから五〇〇キロ程度のバシー海峡を軽く越えてエスコートするが、九七式戦にはギリギリだった。仕方がないから得意の「航空部隊の機動性」で対抗し、バシー海峡のバタン島へ十二月八日に九八式直協機（偵察機兼襲撃機）を進出させて上陸船団を掩護させ、ルソン島北部へ第四八師団が無事に上陸するや三日後に九七式戦が水溜まりのような応急飛行場へ進出する。

だが九七式戦は、初めて配備された低翼単葉機なのにトラブルも少なく、信頼性も高い「寿」四一型（ハ一乙と呼称）の性能と合わせて見事な飛行機だった。胴体はキ11以来のモノコック構造とし、重い翼胴結合ボルトを省くために主翼と胴体前半部を一体とし、これに後部胴体を結合する独自の方式を編み出した。今のジェット機製造にも応用されている工法だが、これで三菱の競争試作機キ33よりも一〇〇キロも軽くなり、上昇性能でも格闘性能でも差をつけてしまう。

全金属製低翼単葉機で、格闘性能において当時世界の最優秀機といわれた海軍の九六式艦上戦闘機(上)。九六艦戦の性能を一段と向上させ、20ミリ砲2門を搭載した零式艦上戦闘機(下)。

堀越二郎技師もこの中島方式を激賞し、やはり軽量化で苦しんだ零戦に取り入れたことを記している。その結果、翼面荷重は九七式戦で平方メートルあたり八八キロ、これよりは重戦に近い零戦一一型A6M2でも一〇七キロという軽飛行機並みの小さい値に押さえられた。どんな小さい部品でも強度の許す限界まで重量軽減孔を空けて一グラムでも軽くする、何万個という部品全体では「チリも積もれば山となる」という涙ぐましい作業は数々の零戦物語で有名だが、それは零戦で初めて行なわれたものではなく零戦以上に軽さを要求された九七式戦の開発ですでに始まっていた。

戦史家レン・デイトンが欧州の名戦闘機三機の旋回半径を記録したものに九七式戦の資料を加えると、その世界一流の運動性と軽戦らしさが理解できる（表19）。バシー海峡越えの出撃はできなかったにせよ、その航続距離は軽戦でありながらスピットファイアやＢｆ109Ｅよりも長かった。だから陸軍航空の覚え愛でたく、日本で生産期間の最も長い戦闘機として一九四二年まで三三八六機も生産される。

日米開戦のとき、整備されていた一五〇個飛行中隊のうち戦闘機は五五個中隊であり、そのほとんどが九七式戦である。海軍の零戦もそうだが、これほど同一機種で揃えた航空部隊は世界でも少なかった。ある意味では戦いやすいがハイ・ロー・ミックスはできない。武装が九一式戦の頃と変わりないというのはムチャクチャだが、運用者の責任であって技術者の罪ではない。

ところが、この九七式戦が南方作戦で意外に活躍する。洋上飛行は苦手の陸軍航空ながらもマレー上陸に向かう六〇隻の船団護衛を全うし、上陸中も上空から掩護したが数百キロも離れた仏印へは帰れない。そこで飛行場が占領されるまで飛び続け、ようやく午前十一時十分、奪取したばかりのシンゴラとパタニ両飛行場に間一髪で滑り込んだというから、増槽抜きでは考えられない行動である。

また南方作戦のための増槽が内地だけでは間に合わず満州からもゴッソリ移送したが、一九四一年十二月にサイゴンで集積資材を調べたら、さっぱり到着していないので大騒ぎになっている。増槽抜きの戦闘機運用は考えられないほど定着したともいえる。

英国が米国から購入したブルースターF2Aバファロー（一二〇〇馬力、最高速度五一七キロ／時、機銃四梃、航続距離一五五〇キロ）は足の長い戦闘爆撃機であり、欧州では戦えないが航空二流国日本を相手にならら使えるという失礼な判断で極東に配置転換されていた。だが九七式戦の敵ではなかった。

そこへ英軍待望のハリケーン二個中隊（五〇機）が一月一日にシンガポールへ到着する。しかも一二八〇馬力で機銃は一二梃に増えた2型Bである。低速で軽武装の九七式戦では六個中隊いるもののカタログ的にはかないそうにない。だが格闘戦だけを武器に、わが戦闘機戦隊は迎撃にも制空にも成功してシンガポール周辺の制空権を奪ってしまう。北満で想定した航空撃滅戦はマレー半島で実行され、そして成功する。シンガポールの空はマルタの空ではなかったのである。

最初は落第生だった隼

世界に誇れる日本の優秀な航空機といえば、誰もが零戦を挙げる。そして零戦しか挙げない人も少なくない。まるで零戦以外の航空機は航空機でないかのようだ。とくに陸軍機なんぞは、洋上飛行は苦手だし、南方で海軍機が苦戦しているときも余り手助けしなかったし、肝心の本土防空も穴だらけだったたし……と冷たくあしらわれることが多い。だが、これは零

表20　太平洋で戦う主要戦闘機の性能比較

国名	機　名	全備重量(kg)	出力(馬力)	武装	速度(km/h)	航続距離	配備年代
米	P40B	3450	1040	13mm機銃×4	566	1500	1941
	F2A3バファロー	3247	1200	13mm機銃×4	517	1553	1941
	F4F ワイルドキャット	3560	1200	13mm機銃×6	512	1240	1941
英	ハリケーン2C	3533	1280	20mm砲×4	545	740	1941
日本	一式戦隼K キ43Ⅱ甲	2642	1150	12.7mm機銃×2	515	1760	1941
	零式2号艦戦1型 A6M2b	2336	950	7.7mm機銃×2 20mm砲×2	518	2200	1940

戦にのぼせてしまった短絡的な見方であり、日本の陸軍機にも世界に誇れるものは幾つかあった。

零戦の優秀な性能には速度、上昇速度、格闘性能と並んで航続距離がある。重戦闘機からはほど遠いのに航続距離は一九二〇キロもあって（もちろん増槽付き）、ハリケーンやＦｗ190の二倍もある。これは遠方の敵艦隊や敵基地を叩く爆撃機や攻撃機に随伴したり、長時間、友軍艦船をエスコートする制空戦闘機としての機能が求められたからである。また艦載機でもあるので軽量が望ましい。

だが零戦以上の軽戦でありながら速度と航続力を過酷に求められ、それに応えたのは一式戦闘機隼であった（表20参照）。この開発については多くの文献が刊行されているので簡略に記すと、一九三七年十二月、九七式戦闘機（キ27）が制式制定されるや、さらに速度と航続力を向上させた引込脚型の後継機試作が中島へ一社特命で指示される。主な要求性能はつぎのとおりだった。

一、九七式戦闘機にまさる運動性能を維持し、速

九七戦の完成直後に陸軍が中島に試作を命じた引込脚の新型機、一式戦闘機「隼」。零戦と同様に爆撃機を掩護する長距離戦闘機として採用された。

度は時速五〇〇キロ以上
二、上昇力は五〇〇〇メートルまで五分以内
三、行動半径は八〇〇キロ以上（実質的には二〇〇〇キロ程度の航続距離が必要）
四、武装は七・七ミリ機銃二梃を装備

ここで注目すべきは、依然として貧弱な武装で可としている点と行動半径（航続力）が初めて明確な形で要求性能に掲げられた点である。ちょうど海軍も一二試艦戦と称する零戦の元祖となる試作機の要求性能をまとめていたときだが、こちらも運動性能や速度と併せて航続力を重視し始めている。同年十月に三菱、中島両社に交付された計画要求書は、三年前の九試艦戦（のちの九六艦戦）開発に際して「燃料二〇〇リットル」とホンワカ記したのとは大違いで、「正規状態、公称馬力で一・二〜一・五時間、過荷重状態（増槽付き）で一・五〜二・〇時間、巡航で六時間以上」という飛行時間の形で航続力を要求していた。

この背後にある海軍の作戦シナリオは、中国戦

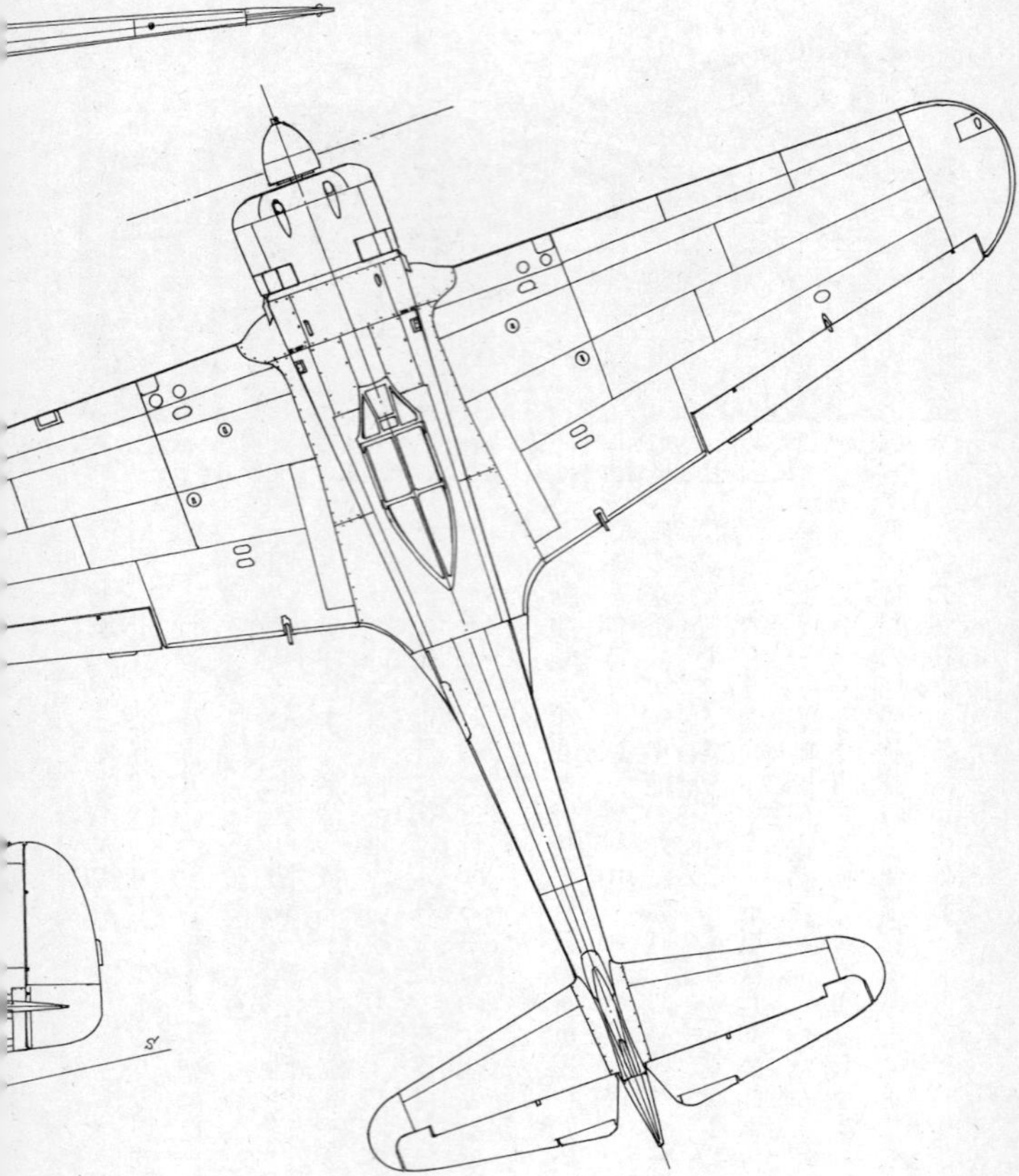

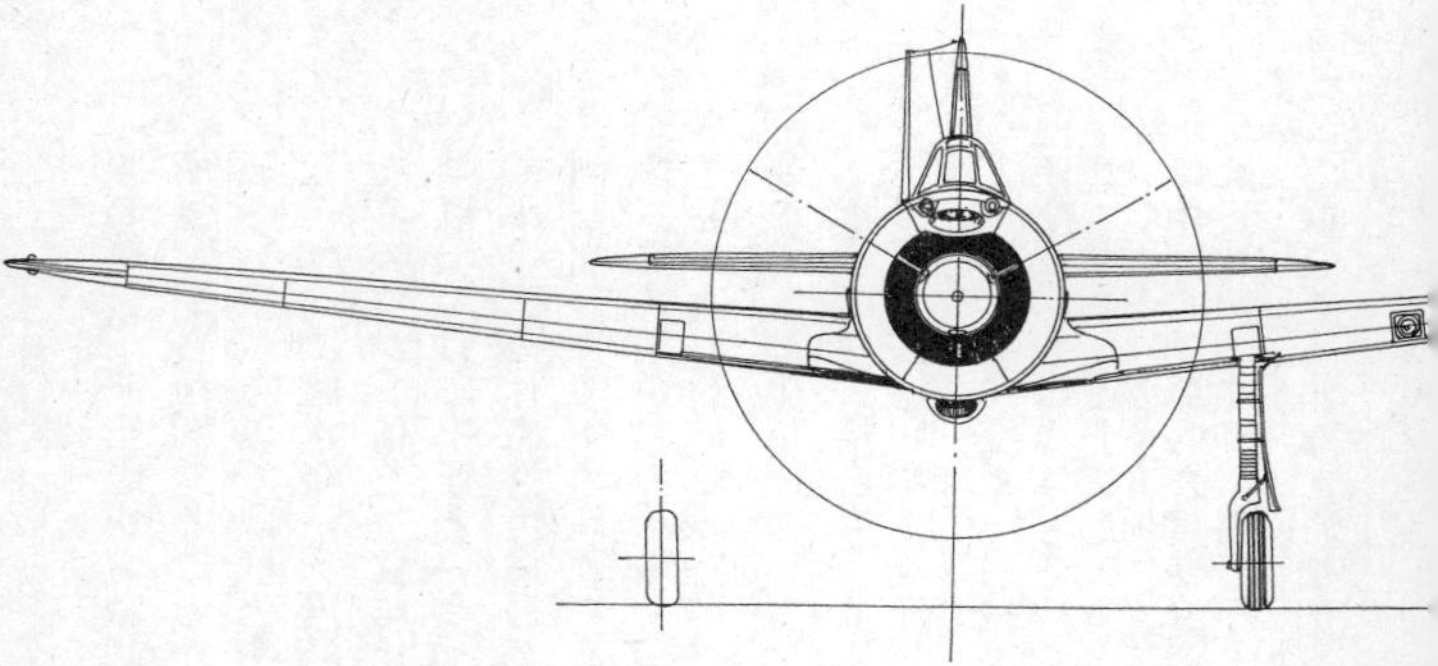

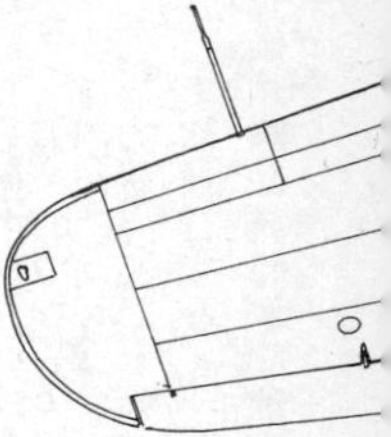

一式戦闘機隼

全長	8.92 m
全幅	10.83 m
全高	3.27 m
全備重量	2642 kg
最大速度	515 km
乗員	1 人

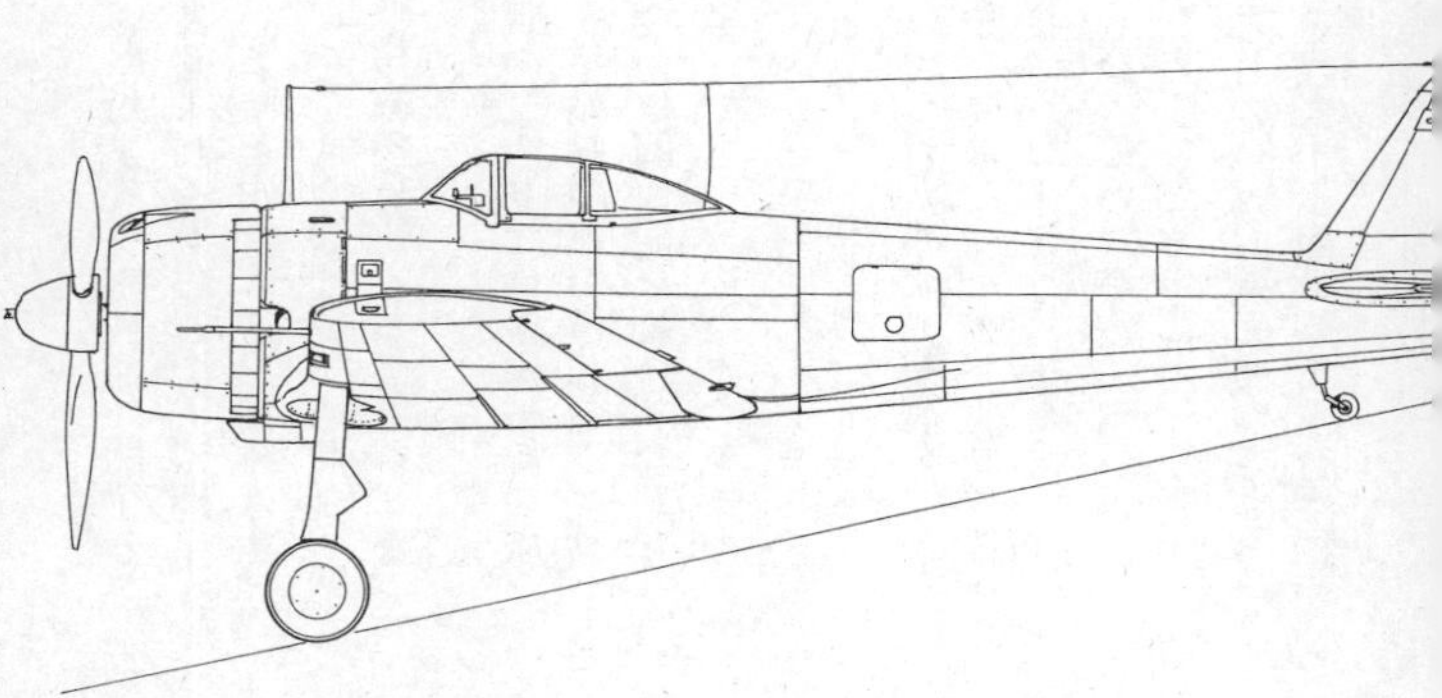

線の第一二航空隊から戦訓に基づいて送られてきた「一二試艦戦に対する要求性能に関する所見」から垣間見ることができる。それによると、「進出距離は落下増槽を付して一時間半、三〇分空戦を以て限度とす」とあるから、巡航速度を三〇〇キロ／時とすれば進出距離は四五〇キロに過ぎない。実際の進出距離八〇〇キロ、無理して一〇〇〇キロ以上さえも可能となるのだが、何と一式戦の方は（当時の名称は単に試作キ43）、運用者の要求として八〇〇キロ以上の行動半径という、もっと厳しい数値が明記されている。

まだ南方作戦を考慮していない時期だが、北満での航空殲滅戦のシナリオに中国戦線の戦訓が加わって求められたものだ。格闘性能に固執せず、新しい一撃離脱の運用構想の下に高速、長航続距離の重戦を造るのならまだしも、九七式戦闘機程度の格闘性能を維持しながら速度は一〇パーセントアップ、航続距離は何と六〇パーセントアップというのだから無茶な要求である。

零戦開発の場合も、九六艦戦の速度二三〇ノットに対して二七〇ノットと二〇パーセントアップ、航続距離は過荷重で巡航六時間以上、実際には一八〇〇キロだから九六艦戦の一二〇〇キロから五〇パーセントのアップという三菱技術陣には過酷な要求だったが、急に航続距離二〇〇〇キロを求められた中島技術陣のショックも三菱以上だった。もっとも零戦の方は、機銃二梃と併せて二〇ミリ砲を搭載せよと武装の難題がともなっていたが。

中島で開発したばかりの一〇〇〇馬力級「ハ二五」エンジンを装備したキ43試作一号機は、ようやく一九三八年十二月に完成して初飛行する。一九四〇年九月の一三号機までつぎつぎと改良を重ねながら増加試作と評価試験が続くが、運用サイドを代表する明野陸軍飛行学校がどうしても満足しない。軽戦万能主義者が支配していたからだ。九七戦の成功は低翼面荷重のお陰と信じているため、翼面荷重を八五キロ／平方メートル以下に押さえさせようと設計段階からやっきになっていた。非武装の試作一号機でさえ八六キロ／平方メートルとなって最初から落第する。零戦グループが一〇五キロ／平方メートルを目安としたのよりも厳しい。

増槽の仕組み

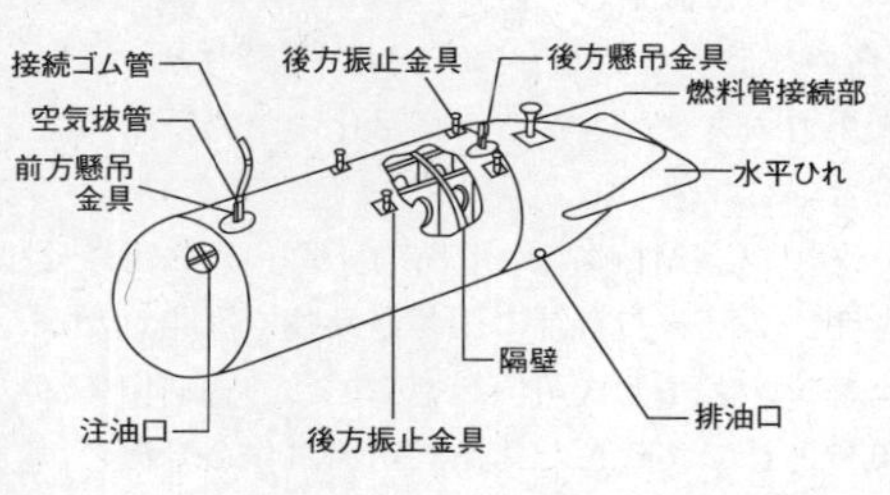

だが高速を得るための強力なエンジンの搭載、引込脚や可変ピッチプロペラの採用（のちに定速式プロペラに変更）と重量増加の要因は増える一方である。重量増加は運動性能の大敵だ。左右各二〇〇リットルの落下増槽も含めて燃料タンクの総容量は、ハリケーンやＢｆ109の二倍以上の九六四リットルに達したが、これも重量を増加させた。

増槽を落下させる機構にもトラブルが発生した。投下レバーを引くと、前後二ヵ所で落下増槽を支える留め金のうち前部の方が外れて増槽の前部が下がり、風圧で後部の留め金も自然に外れるのが九七式戦以来の陸軍方式だった。ところがスムーズに落ちてくれない。調べてみると、主翼下面にピッタリ密着するよう増槽を半卵型に製作していたのが効きすぎて主翼下面から離れないためと判明した。そこで流線形の爆弾型に改造したが、まだうまく離れないときがある。そこで

10型では0.55キロ／馬力に低下し、さらに1942年頃には三菱の「火星」20型、中島の「誉」21型ともに0.42キロ/馬力という技術史に残る軽量大馬力エンジンとなる。軽量化のため空冷に徹したのも正解だった。

一二試艦戦（零戦）に信頼性の高い中島の「栄」を採用させる海軍の「石橋を叩いて渡る」方針に三菱側は強く反発したが、同社の「瑞星」エンジンも九七式司偵2型や一〇〇式司偵で活躍する。だが神風号として渡欧した九七式司偵試作2号機のエンジンは中島の「寿」3型（ハ8）だった。わずか750馬力だが時速480キロの高速をもたらし、なんの狂いもなくロンドンまで94時間回り続けた。

隼3型に搭載された栄21型発動器。10型よりも一割馬力が向上し、全長が15センチ増大した。

金具の形状などメカニズム全体を工夫して、ようやく解決したという。

こうして航続力の方は何とか目安がついたが、速度は九七式戦に毛が生えた程度で運動性ははるかに劣るので、明野飛行学校における審査は二年間絶望的だった。九七式戦の抜群の格闘性能に酔いしれ、これが要求性能の実質的最優先項目となっていたのだ。だが幸いなことに陸軍航空本部の目は節穴ではなく、将来性あるキ43の増加試

コラム⑫●零戦、隼の誕生を可能にした「栄」エンジン

キ43が救われたのは陸軍上層部が要求性能の優先順位を明確にして行動半径を第一優先とし、格闘性能に対する要求を緩めたからであるが、それにフィージビリティ（技術的可能性）を与えたのは中島製「栄」エンジンであった。必須条件である速度500キロ／時の高速性（結果的には航続力も増大）を軽戦でありながら満たし、出力当たり重量は外国製エンジンよりもはるかに軽い、それでいて信頼性も高い。これがなければ零戦も誕生しなかったであろう。

1930年頃には国産エンジンもライセンス生産から純国産に移行する。だがビールから家電器まで同族ブランドを揃える三菱が、堀越技師の英断を受けて九六式艦戦に採用した中島の「寿」エンジンといえどもライセンス生産品「中島ジュピター」の延長上にあり、「寿」とも呼べる名称は「ジュピター」に由来していた。それが1934年に完成する「栄」10型（1000馬力）、三菱金星2型（825馬力）となると名実ともに国産品で、カタログ的にも世界の一流品と肩を並べる。

1926年には0.75キロ/馬力程度だった出力当たり重量も「栄」

作を認め続けた。その努力がついに報われる。

隼は行く雲の上

一九四〇年夏、急遽、南進作戦を検討し始めた参謀本部は、シンガポール攻略のため、つぎのような条件で「遠距離戦闘機」の早急な整備を求めてくる。戦闘機にエスコートされない爆撃機隊を待ち受ける悲惨な運命は万人の知るところとなっていた。

一、対戦相手は英豪空軍の二流戦闘機と想定

二、行動半径一〇〇〇キロ以上（九〇〇キロ＋空戦という表現もある）
三、翌一九四一年三月まで三個飛行中隊（四〇機）整備
この戦略的な要請に応えるため、九七式司偵キ15に機関砲を搭載する案も検討されたが、最有力案は、すでに増槽付きで一〇時間以上の飛行実績を持つキ43の、さらなる航続力向上であった。

このコペルニクス的転回は直ちに群馬県太田の中島へ打電され、重役や製作関係者は深夜を厭わず東京へ駆け付けたといわれる。放校寸前の落第生を救ったのは、息長く見守った関係者の努力と軍事戦略の転換による「遠距離戦闘機」の要求であった。

翌一九四一年五月、採用に難色を示す明野飛行学校を軍中央部が説得し、キ43はようやく一式戦闘機として制式制定された。貧弱な武装は一型乙（七・七ミリ機銃一梃と一二・七ミリ砲一門）や一型丙（一二・七ミリ砲二門）の登場でややマシなものとなる。中島の資料では増槽なしで（正規）一六二〇キロ、増槽付きで（過荷重）三〇〇〇キロを飛んでおり、陸軍の資料でも、増槽なしで一七六〇キロ飛んでいる。

マレー進攻作戦に参加したときは、第五九、第六四両戦隊にわずか五三機配備されたのみで、しかも主翼の強度不足に起因するトラブル対策に追われ、十分な戦力とならなかったが、上陸船団の上空直掩（エスコート）は一時間ずつの交替で実施し、十二月七日最後の午後七時から八時までの最終直掩は夜間飛行となるし、距離も仏印の基地から一番遠くなるので、第六四戦隊長、加藤建夫中佐自らが五機の部下を率いて行なった。帰路は四五〇キロ飛んでフコク島（カンボジア沖にある現ベトナム領の島）へ到着した際には燃料は空になっていたと

コラム⑬●航空機の価格

当時の航空機の生産価格は案外安い。物価指数から現在の価格に換算することもできるが、小火器との価格比を比較したのが表21であり、現在よりも１桁以上安い。今ほど製造工数も研究開発費も必要とせず、また高価な電子装備を搭載していないからである。

表21　昭和初期と現在の兵器価格比較

1933年愛国献納兵器単価と対小銃比（単位百円）		
歩兵銃	0.52	1
対戦車砲	42.15	81
15cm榴弾砲	300	577
重戦車	1800	3462
九二式戦	650	1250
八八式重爆	2000	3846
1990年総備品単価と対小銃比（単位百万円）		
89式小銃	0.29	1
84mm無反動砲	2	7
15cm榴弾砲	318	1096
90式戦車	1124	3876
F15J戦闘機＊	8980	30965

（注）＊1985年推定単価（初調達単価の物価指数調整）。

いう。

年末にマレー半島中部のイポーが占領されると両戦隊は早速進出し、隼は約五〇〇キロ南方のシンガポール航空殲滅戦の中核となってハリケーンと戦った。だが翌年一月中旬、マレーシア南部の基地から数百キロ離れたスマトラのパレンバン油田への制空作戦こそは、九七式戦では無理で一式戦ならではといえるだろう。ここまで基地が南下すれば、シンガポールは、もはや九七式戦まかせである。

「空の神兵」と上陸船団の連携作戦でパレンバンが占領されるや、隼の両戦隊は休む間もなく進出し、約六〇〇キロ離れたバンドンなどの西ジャワに散在する飛行場への航空殲滅戦を続行した。

三月一日に今村均中将率いる第一六軍が無事にジャワへ上陸できた裏には、増槽なしでも六〇〇キロをカバーできる「足長の隼」が貢献していた。

またビルマ戦線で、やはり足長の一〇〇式司偵がインド国境に近いビルマ西岸の要所アキャブ北西の秘密飛行場にP40が集結しているのを発見したとき、六〇〇キロ離れたタイ北部のチェンマイ飛行場から隼一八機だけで航空攻撃をかけて地上破壊に成功している。初戦からの隼の活躍に、あれほど運用者が好んだ九七戦も、明け方の月のようにフェーズアウトしていく。

陸海軍合わせて零戦につぐ日本第二位の五七五一機が生産される人気機種となったが、隼は、しょせん軽戦で軽武装であり、ニューギニア戦線にP38、ビルマ戦線にスピットファイアが登場すると、使いやすく信頼性が高いとはいえ速度と武装では太刀打ちできない二流機となっていた。

ドイツの快速戦車がフランス席巻には間に合ったが、ソ連や米国の強力な主力戦車とは闘えなかったのに似ている。だが陸軍部隊のガダルカナル撤退時には零戦だけに任せずに、隼はブインから八〇〇キロ離れた「餓島」の空を護ったのである。

第四章　上陸作戦の様相を変えた画期的発明

1　運用計画から始まった上陸用舟艇

オレンジ計画

太平洋戦争において米国が中部太平洋とニューギニアから本格的な反撃に転じたのは、欧州戦線のメドが一応立ってきた一九四三年半ばであった。それからわずか二年足らずで日本を無条件降伏に追い込んだのが、潜水艦による海上交通線破壊と長距離爆撃機B29による戦略爆撃だったことは、よく知られている。これらによって日本の兵站も戦力も麻痺し、本土へ進攻されるまでに降伏した。

だが、そうだからといって米国陸軍と海兵隊が呑気な闘いを続けたわけではない。「歯まで武装した」日本の将兵が死守する南海の島々を、ときには守備兵力以上の死傷者を出しながらも着々と攻め上っていったからこそ一九四四年暮れにはマリアナ諸島からB29を日本本土へ発進させることができたのである。

だが古い潜水艦乗りであったニミッツ提督をはじめとする米海軍関係者の回顧録には、海上交通線破壊だけで日本を滅ぼせたであろうと説くものが多い。これらを「海軍理論」とすれば、戦史にのっとり本土進攻を行なわなければ日本の抗戦意志を破壊できないと説くのは「陸軍理論」、戦略爆撃だけで日本の戦争継続意志も能力も奪えると説くのが「空軍理論」であった。

歴史的に正しさが立証されているとする「陸軍理論」も、連合軍の予測よりはるかに早く日本が降伏したため、その正しさを実証できなかったが、ソ連参戦に原爆投下というショッキングなできごとがなかったら、案外正解だったかも知れない。

日本を海から包囲し、陸の戦力を海の戦力で圧倒して降伏させるというコンセプトは、日露戦争での日本の勝利に驚いた米国が一九〇六年に「オレンジ計画」を立案して以来、三〇年以上にわたって一度も変わらないままであったが、沖縄をはじめとする日本本土に近い島々を攻略しないですむと考えられたことは一度もなかった。一九二〇年代になって日本本土への大空爆が計画に加わってからはなおさらであった。上陸作戦にともなう犠牲を避け、すべての島々を無力化するだけでバイパスばかりしていては戦略爆撃の発進基地はいつまでも獲得できない。

その上陸作戦も、米陸軍と海兵隊将兵の血と汗だけでは容易に成功させることはできなかった。それを容易にした上陸用舟艇（現在の表現では両用戦舟艇）こそが潜水艦および戦略爆撃機と並んで短期間に日本を降伏させた重要兵器といえるであろう。これは作戦遂行の時間と犠牲を大きく低減した。そして米国民が我慢できる時間と犠牲の範囲内で日本が降伏するかどうかが、いみじくも戦略家たちの大きな懸案事項だったとエドワード・ミラーは著書『オレンジ計画』で述べている。

米国が作り出した戦略的な「間に合った兵器」は、いうまでもなくボーイングB29「空の超要塞」であった。これはまさに滑り込みで間に合ったもので、一九四二年（昭和十七年）に原型機が初飛行し、翌年九月に量産が開始された。中国大陸から北九州への初空襲を敢行するのは一九四四年六月十五日であり、その日に上陸作戦が開始されたマリアナ諸島から日本本土への爆撃を開始するのは同年秋である。

時速五八〇キロの高速と遠隔操縦の機銃一二梃に二〇ミリ砲一門という強力な武装で、成層圏までヨタヨタ上昇してくる戦闘機を蹴散らし、それでいて爆弾搭載量は九トンで航続距離六七〇〇キロを誇る。これの配備が一年遅れていたら戦争の終局は日本にとって、また違ったものとなっていたであろう。

もちろんこれ以外にも、早くも一九三五年に原型機が飛びながら、ようやく一九四〇年に生産開始されたボーイングB17「空の要塞」も機銃一二梃に五トンの爆装、最高時速四六〇キロの快速で五四〇〇キロの航続距離を活かして、ドイツへの戦略爆撃や日本の海上交通線の破壊に威力を発揮したが（一九四三年就役のG型）、これでは三〇〇〇キロ離れたマリアナ諸島から日本本土各地へB29ほどの脅威を与えることは不可能であった。

このB29を間に合わせた米国の底力については、本土空襲の記録に関連してたくさんの出版物があるので、ここでは案外知られていない上陸用舟艇、それも現在の強襲作戦指揮艦

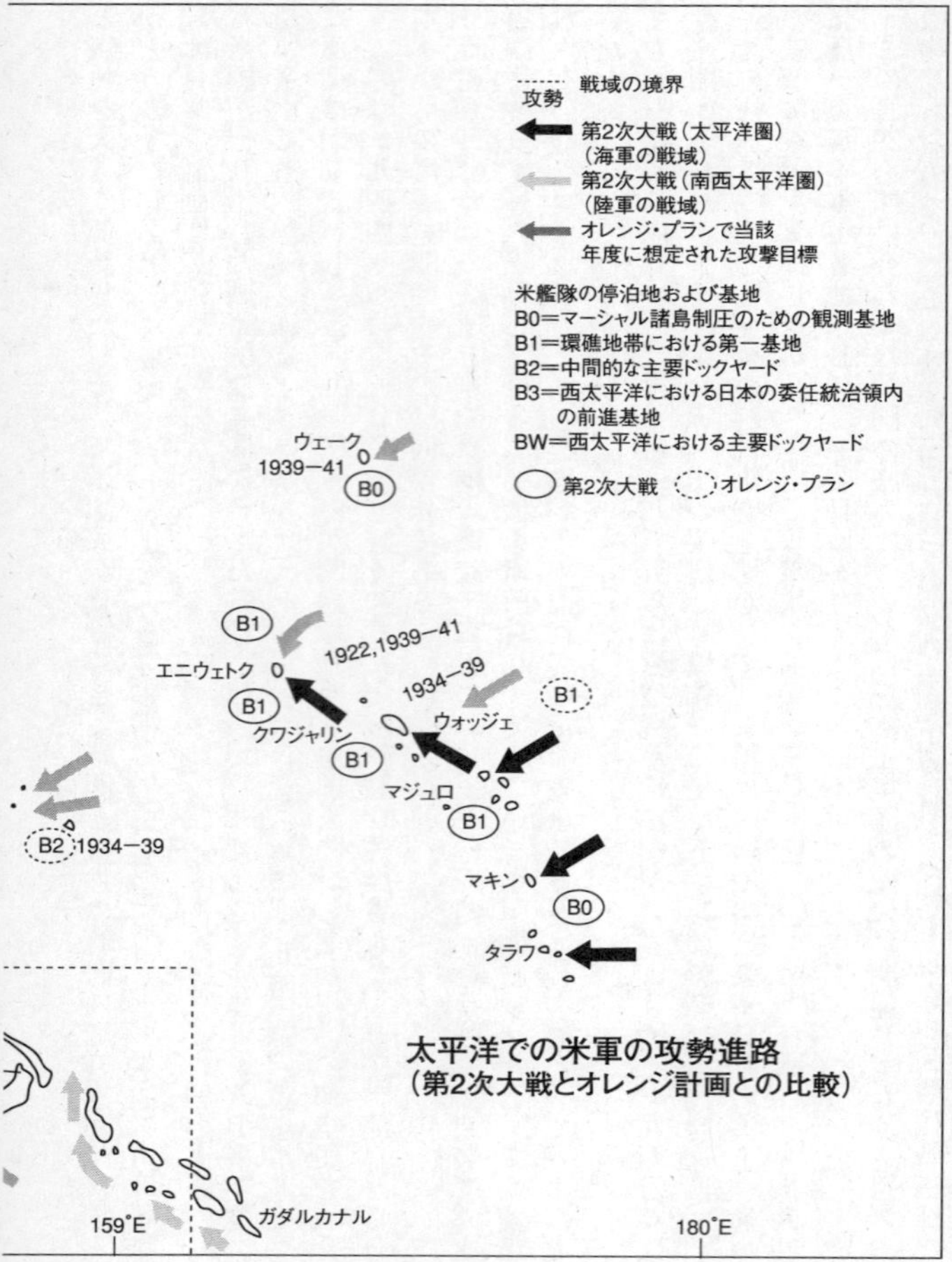
戦域の境界
攻勢
第2次大戦（太平洋圏）
（海軍の戦域）
第2次大戦（南西太平洋圏）
（陸軍の戦域）
オレンジ・プランで当該
年度に想定された攻撃目標
米艦隊の停泊地および基地
B0＝マーシャル諸島制圧のための観測基地
B1＝環礁地帯における第一基地
B2＝中間的な主要ドックヤード
B3＝西太平洋における日本の委任統治領内
の前進基地
BW＝西太平洋における主要ドックヤード
第2次大戦
オレンジ・プラン
ウェーク
1939−41
B0
B1
1922,1939−41
エニウェトク
1934−39
B1
B1
クワジャリン
ウォッジェ
B1
マジュロ
B1
B2
1934−39
マキン
B0
タラワ
ガダルカナル
159˚E
180˚E

太平洋での米軍の攻勢進路
（第2次大戦とオレンジ計画との比較）

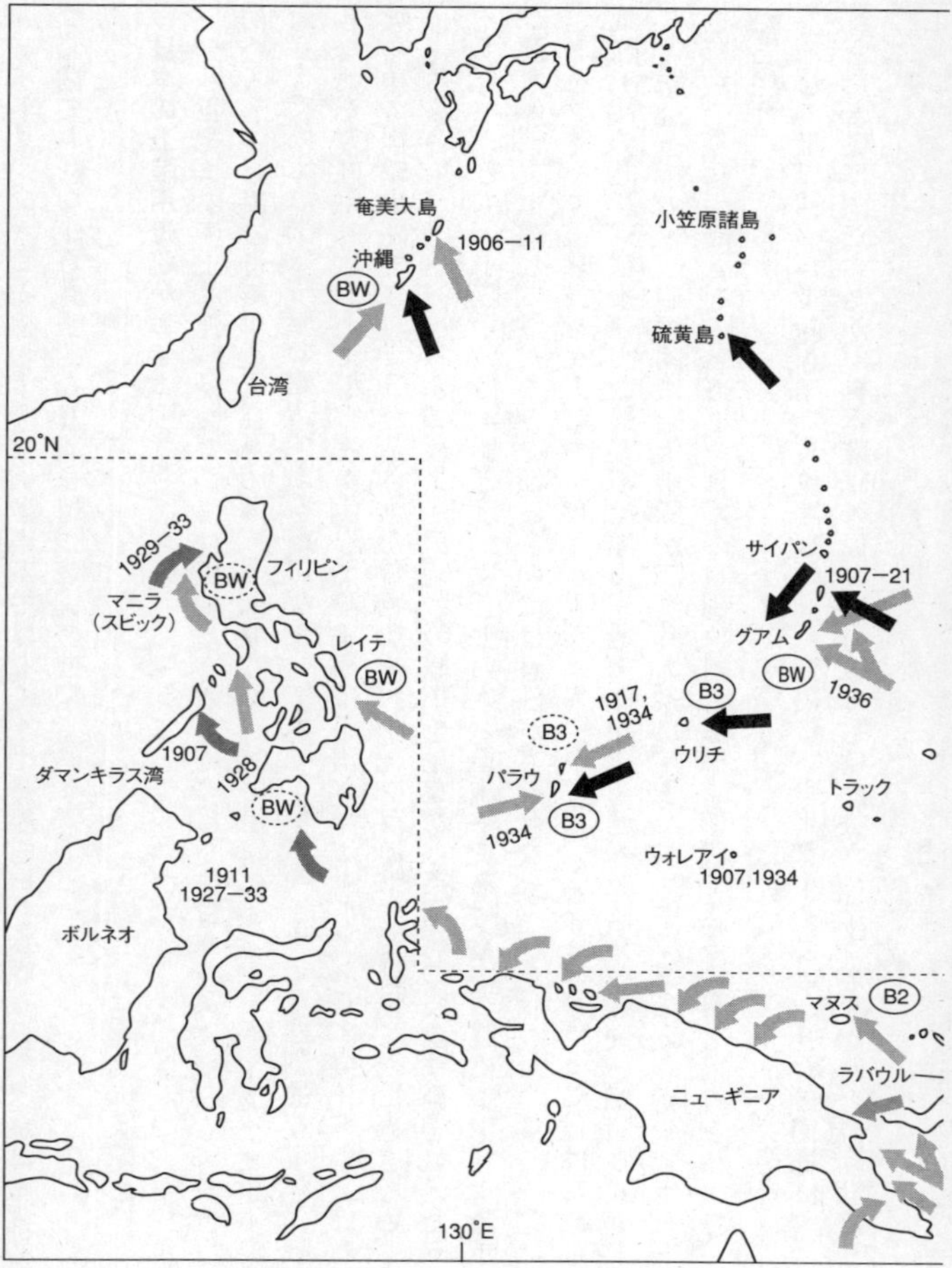
奄美大島
1906−11
沖縄
BW
小笠原諸島
硫黄島
台湾
20°N
1929−33
フィリピン
BW
マニラ
（スビック）
レイテ
BW
1907
1928
ダマンキラス湾
BW
1911
1927−33
ボルネオ
サイパン
1907−21
グアム
BW
1936
B3
1917,
1934
B3
ウリチ
パラウ
B3
1934
トラック
ウォレアイ
1907,1934
マヌス
B2
ラバウル
ニューギニア
130°E

「ブルーリッジ」の先祖のような大型艦艇ではなく小型舟艇を取り上げたい。これは戦術的な装備でありながら戦略的な意義を持つ装備の典型である。

日本の上陸用舟艇がお手本？

一八世紀までの上陸作戦は、たいてい艦船からボートやはしけに乗り移って行なわれた。初めて上陸専用の舟艇が造られたのは、一七五八年、英国海軍による乗下船用のランプ（斜面）まで備えた平底舟艇の建造である。だが第一次大戦で最大の、そして悲劇的な上陸作戦となったガリポリにおいても、まだ主な上陸手段は手漕ぎのボートであり、変化といえば砲火の中で突撃上陸できるよう改造された貨物船リバー・クライド号が登場したに過ぎない。

一九四〇年、「バトル・オブ・ブリテン」の様子を見ながら英国への侵攻準備を整えたドイツといえども、上陸手段は漁船とはしけ、というお粗末さであった。これは、ドイツ陸軍が渡河作戦を重視していたことを知るものには意外かもしれない。

ドイツ陸軍の電撃戦を支えたのがピオニール（先駆者、英語のパイオニア）と名付けられた戦闘工兵であり、さまざまな爆薬類や地雷、地雷探知機、煙幕装置などと併せて膨脹式ボート、鉄舟を持ち、一個師団に架橋中隊が二つもあった。また歩兵中隊でさえも膨脹式ボートを持ち、歩兵大隊となると五トン程度の車両に耐える橋を架設できる鉄舟と構脚を持っていたという。

そして世界初の「上陸専用」舟艇開発に挑んだのは、レーダーやペニシリンと同様に、これまた米英二国だったが、日本陸軍の原動機付きはしけが彼らの手本となったという耳寄り

表22　第2段階における攻撃的作戦計画の推移（1906～41年）

作戦名（第2次大戦での経過順）	⇐古い構想			新しい構想⇒
委任統治領攻略作戦の構想	委任統治領は無視（いわゆる通し切符作戦）	当座の補給の用に供す（できうれば内密に）	艦隊をフィリピンに派遣後、占領し補給基地に	段階的に占領し艦隊基地とする
マーシャル諸島以東の前哨地	考慮せず	ジョンストン島（航空隊用）	ウェーク島	ギルバート諸島
マーシャル諸島作戦	東から西へ全島を占領	東側の環礁を占領、他は無力化	西側の環礁を占領、他は無力化	
東カロリン諸島作戦	考慮に値せず	トラックに至る途上の島嶼を確保	島嶼は迂回する	
カロリン諸島中部作戦	トラックに近い環礁を占領	トラックを基地B-2として占領	開戦前にラバウルに艦隊を置く	
マリアナ諸島作戦	開戦前にグアムに艦隊を置く。さもなければ迂回し、フィリピン確保後に占領	長距離爆撃機基地として確保、敵を海戦に誘いだす政治的圧力をかける	開戦前にグアムを基地化し、偵察の任にあてる	
西カロリン諸島作戦	迂回する	パラウ（場合によって周辺環礁も）占領	迂回する。必要があればフィリピン確保後パラウを占領	
フィリピン南部作戦	無視、あるいは艦隊補給用に小休止	主要な西太平洋の基地として確保	マニラ進撃のための一時的な基地として確保	東インド諸島から攻め込む（レインボープラン2）
最大の海戦	フィリピン周辺戦争中期	日本近海、戦争後期	フィリピン海域、戦争中期	中部太平洋、戦争初期

（注）下線を施したものが第2次大戦における実際の戦略に最も近い。

第一次大戦のガリポリの戦訓により、昭和４年に開発された日本陸軍の上陸用舟艇大発。太平洋戦争の上陸戦などでは船舶工兵が運用にあたった。

な説がある。

たとえば『モリソン戦史』で知られるサミュエル・E・モリソンは、「日本は船舶からの上陸攻撃（シップ・ツー・ショア・アタック）の技術を完全な形に開発した最初の国である」と激賞し、先駆的な上陸用舟艇や上陸用母船の性能や効果を紹介している。

ところが英国戦車将校で退官後は歴史家として活躍しているケネス・マクゼイになると、喫水の浅い舟艇を搭載した日本軍の特殊な上陸用船舶が米英のモデルになったことが「ほんの微かに」認められると記す程度となり、『軍国主義の歴史』の著者としても知られる戦史研究家アルフレッド・ヴァグツなどは「連合軍の設計者にインスピレーションを与えるには、ほど遠い代物」とこき下ろす始末であった。

確かに先駆者としての日本陸軍の努力は、もっと広く伝えられて良いであろう。日本陸軍は、地勢学的な必要性からガリポリ上陸作戦を真剣に研

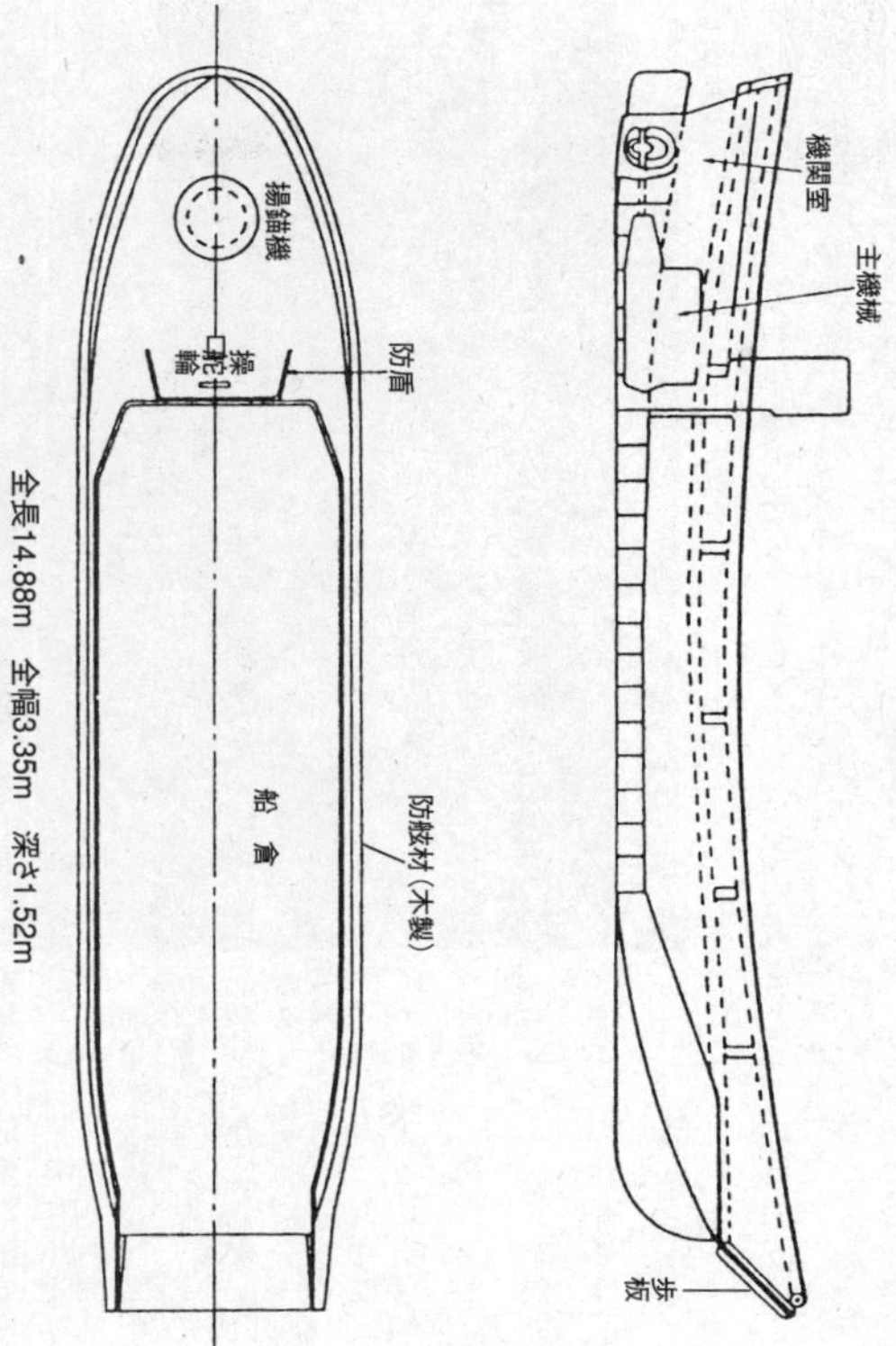
揚錨機
操舵輪
防盾
船倉
防舷材（木製）
全長14.88m　全幅3.35m　深さ1.52m
機関室
主機械
歩板

大発の構造

兵員搭載時の上陸用舟艇大発。70名が乗艇でき、貨物なら13トンが積載可能である。60馬力のエンジンで８ノットで航行し、多用途に用いられた。

究し、宇品の陸軍運輸部の工廠で自走可能な上陸用舟艇の開発を早くも大正時代に開始していた。その結果、一九二七年には小発動艇（俗称、小発）を、一九二九年には大発動艇（俗称、大発）を完成し、さらに改良を加えて太平洋戦争の開戦前には船舶工兵が使いこなせる安定した兵器に仕上げている。

大発は、全長一五メートル弱、深さ一・五メートル弱の大きさで、兵員七〇名、または貨物一三トン、または中戦車一両を搭載し、六〇馬力のディーゼル・エンジンによって八ノットもの速力で航行でき、耐波性も備えていた。小発は、モーターボートに毛の生えたような小型舟艇である。

現代の強襲揚陸艦の原型ともいえる日本陸軍の上陸用舟艇母船「神州丸」。日中戦争の勃発前にすでに完成し、バイアス湾上陸作戦に参加している。

世界初の上陸用舟艇母船

そして日本陸軍は、世界に先駆けて上陸用舟艇母船、正式には「特殊運貨船」と呼ばれた「神州丸」を播磨造船所で建造させ、一九三四年秋に完成させた。排水量八一〇〇トンで大発七隻、中発一〇隻、小発二〇隻を搭載し、船尾から続けさまに海面へ送り出すことができた。また陸軍の九一式戦闘機さらには九七式軽爆を搭載するという画期的な機能もあり、その発艦のためのカタパルト二基は、のちに呉工廠で搭載して発艦実験を行なった後、機密保全のため取り外したといわれる。

一九四一年十二月八日、第二五軍がマレー半島のシンゴラ、パタニ、コタバルへ奇襲上陸した際、軍司令官山下奉文中将をシンゴラへ運んだのがこの「神州丸」だが、船名は「龍城」と改められ「陸軍特殊空母」と称されていた。陸海軍が協力精神に欠け、陸軍が空母さえ造ろうとした、いや造ったと非難されるのは、「龍城」という海軍の空母のような名称に起因する誤解もありそうである。

一九三八年十月に広東作戦を実施した際には、大発九〇隻、小発一九〇隻が配備されていたとされている。もっとも「海運資材整備一覧表」による数だから、掻き集めてくる目標値であったとも推定されるが、数年で整備した数としては立派なものである。日本は第一次大戦で出現した戦車について、あるいはその対抗手段については大陸諸国や隣接する英国ほどの関心を払わなかったし、それによって後にノモンハンやビルマ、太平洋の島々の戦場で苦しむのであるが、海洋国家としては避けられない両用戦に関する装備や運用についての研究は大陸国家以上に推進していたのである。

両用戦の運用構想や教範を早くも一九二二年から整備し、陸軍が独自に、あるいは陸海軍共通で「上陸および上陸防御作戦綱要」や「上陸作戦綱要」などを着々と制定していった。だが海軍の方は「運び屋」に徹し、母船から舟艇を降ろした後の行動には、口も挟まないし責任も持たないという姿勢であった。

だが、その運用構想は、後を追った米国のそれとは大きく異なり、敵が防備を固めている正面へ上陸することはせず、守りの弱い入江や浜辺から夜間や夜明けにコッソリ上陸するよう勧めている。大陸で日本軍が愛用した「包囲・迂回」の思想が上陸作戦にまで現われているといってもよい。相手の弱い脇腹を突くというのは合理的な思考であるが、これでは遭遇戦的な上陸ならともかく、相手が堅固な防御陣地を築いた島への上陸などは不可能であろう。

香港やシンガポール島への上陸作戦は相手が待ち構えていたといえるが、水路の幅は香港の場合だと約五〇〇メートルの狭いものであり、ジョホール水道の場合は一〇〇〇～三〇〇〇メートルとやや広かったが、水道の長さは三〇マイルもあって英軍の防御状況から上陸地点を選ぶことができた。

だから世界に先駆けて日本が開発した舟艇といっても、ルーズベルト大統領が一九四四年八月十三日の演説で、「それはつい二年半前には想像もできなかった新しいタイプの舟艇である」と激賞した彼らの上陸用舟艇、すなわち「泳げる戦車」LVTや「砂浜にのし上げて船首を開ける」LSTのような斬新なコンセプトのものではなかった。米軍の方は、日本軍が防備を固めた太平洋の島々を攻略するという状況を考慮して（観念して）、「包囲・迂回」ではなく圧倒的な火力優勢を前提とした「正面突破」を選んでいた。あくまでも正攻法である。

日本軍の「包囲・迂回」型上陸作戦に限界があるのが証明されるのに、そう時間はかからなかった。マニラを捨ててバターン半島に立て籠もったウェーンライト中将の率いる米軍の堅陣がどうしても抜けず、上層部に急《せ》かされたわが第一四軍は、わずか一個大隊を敵の背後に大発で隠密上陸させるが、猛烈な抵抗を受けて全員が玉砕してしまう。兵力の逐次投入は絶対に避けるべき部隊運用であったが、さらに一個大隊を上陸させて同じ運命を辿らせている。

映画『遠すぎた橋』で描かれた空挺部隊もそうであったが、陸路を進撃する主力と数日でドッキングする見込みのない遠い地点へ投入されたための悲劇である。いまや米軍には制空権も制海権もなく圧倒的に日本軍が有利な状況なのに、陸軍航空隊第五飛行集団はビルマ進攻作戦のためにフィリピンから引き揚げ、海軍艦艇もジャワ進攻作戦に投入されていたため、空からも海からも援護のない無謀な上陸作戦であった。だが「上陸作戦とは、もともと、こをベテラン兵士で埋めながら、さらに４個師団が増設され、戦後も削減されることなく新しい任務がつぎつぎと与えられた。15万名以下に落ち込んだことはないが、15万名という兵力は、1940年の陸軍兵力と同じである。

海軍の「外局」のような軍種であるが、戦車や「ホーク」対空ミサイル、そして攻撃機を中心に航空部隊まで持つミニ統合軍に発展した。本来の任務は上陸作戦における橋頭堡奪取であるが、海外での軍事行動には、イの一番に派遣され、それを誇りとする精強なプロ集団である。

死傷率がもっとも高いというのは戦史に基づけば誤りである。熾烈だが短期間の、一般に狭い島嶼での作戦なので、100パーセントよりはるかに低い。数ヵ月あるいは八ヵ月もの長期作戦に従事する陸軍の方が複数回負傷したり前線へ復帰してから戦死するのでもっと高くなり、100パーセントを越えた連隊も少なくない。

んなスタイルのものだ」という認識が第一四軍参謀にあったのではないだろうか。

海軍陸戦隊が実施して散々だったのは、真珠湾攻撃の直後に行なわれたウェーキ島上陸作戦である。第四艦隊第六水雷戦隊の旗艦軽巡「夕張」と駆逐艦六隻は、三八式歩兵銃だけを武器とする陸戦隊四五〇名が分乗した旧式駆逐艦（哨戒艇に格下げ）二隻と商船二隻を従えて十二月十一日未明、艦砲射撃とともに大発を大波の中で降ろし始めた。守る米海兵隊は約五〇〇名でほぼ対等だが、旧式戦艦から取り外した五インチ砲六門、三インチ砲一二門、一二・七ミリ機関砲四八門と火力は艦船並みだった。

コラム⑭●米海兵隊

　海軍に属しながら陸軍と変わらぬ訓練を受け（スキーは下手くそであるが）、階級は陸軍式に呼称する米海兵隊は、日本の軍事史に登場しなかった軍種だけに歴史や組織を十分理解できる人は少ない。ペリー提督来朝のときも陸戦隊として活躍し、在外公館や米西戦争でスペインから奪い取った前進基地の、いわばガードマンの役目も果たしてきた。員数的にも大きな勢力となるのは1911年の改編である。このとき初めてガードマン的な小部隊から中隊（陸軍と同じ103人）編成を基幹とする正規の部隊組織となり、3個中隊で大隊、10個中隊で連隊を形成した。

　1917年に米国が第1次大戦に参戦したときには1万3700名が、大戦終了時には7万5000名が在隊し、その3分の1が欧州に派遣されていた。戦後は1万7700名の平時規模に戻り、1930年代末に再び拡充される。太平洋戦争勃発時には2個師団があり、早速ガダルカナル争奪戦に投入された。各師団の40パーセント

薩英戦争や馬関戦争もそうであったが、軍艦と陸上砲台との砲撃戦では一般に軍艦が有利とされてきた。ところが同島からの応戦によって駆逐艦「疾風」は生存者一名を残して轟沈し、他の二隻も被弾した。それに加えて五〇キロ爆弾二個を搭載した海兵隊のグラマンF4Fワイルドキャット四機が島から飛び上がってきたので、戦隊司令官梶岡定道少将は作戦中止と大発の回収を下達する。

　この不意打ちも、開戦と同時に同島の航空機を地上攻撃で全滅したという基地航空隊からの甘い報告を真に受けたためだが、実際は一二機が「健在」だった。敵の火力や航空機を無力化しないうちに陸戦隊を乗せた大発が発進してい

るのが米軍と違うところである。だが退却に移った「如月」は、機銃掃射を受けただけで艦尾の爆雷が誘爆し、これも轟沈する。大発の陸戦隊員が置き去りを免れたのは、退却命令にもかかわらず「睦月」だけが戦場に留まって必死で収容したからである。

つぎは大事を取って第六戦隊の重巡四隻や真珠湾帰りの空母二隻の増援を受け、陸戦隊も三〇〇名増やして十二月二十三日ようやく成功するが、その際も海へ降ろした大発が波浪で転覆したり舷側にぶつかって破壊されたりで上陸には大わらわであった。旧式駆逐艦などは大発利用を諦め、船体を浜辺に乗り上げて上陸させた。やはり「正面突破」には、それなりの装備が必要だったといえる。

2　民需品に候補を求めて

「戦車用はしけ」の元祖

両用戦の装備や戦法に熱心に取り組んだのが日本では陸軍であったのに対して、米国では海軍、実際には海兵隊がイニシアティブを取った。早くも一九二五年、米国艦隊司令長官ロバート・クンツ大将は、「敵の防備が堅い海岸へ母船のボートで上陸部隊を輸送するのは極めて危険であり、どのような舟艇がよいのかを研究するために実験を繰り返す必要がある」と述べている。この当時、彼らが最初に行なった実験は、七五ミリ砲と兵員六〇名を搭載するビートル（かぶと虫）・ボートと七五ミリ砲搭載のクリスティー水陸両用戦車である。

前者は掃海艇か駆逐艦に曳航される長さ五〇フィートのはしけであるが、自力で二〇マイルばかり航走して浜辺へ接岸することもできた。一九二四年に行なわれた海兵隊演習で有効性を認められ、海兵隊司令官コール少将によって正式に「部隊用はしけA」と命名される。設計にあたっては機関銃火に耐える装甲と機関銃搭載が必要であるという意見も付加された。不幸だったのはクリスティー戦車の方だ。これはペンシルバニアのある造船会社の技師ウォルター・クリスティーによって一九二二年に試作されたもので、まず渡河性能を海兵隊に認められ、つぎにプエルトリコでの演習で実用性が評価される。

海兵隊首脳は、これの登場を知らされていない防御側がびっくり仰天するのを期待していたが、残念ながら、それほどの驚愕は生じなかったのでクリスティー戦車への評価もストンと低下する。また渡河性能は十分だが海で使用するには耐波性が不十分であったことも決め手となって不採用となったが、このクリスティー戦車こそ、後の水陸両用トラクター（LVT）の先駆となるのである。

このクリスティー戦車は、上陸用戦車としてよりも水陸両用性を持つ戦車として関心を集め、ソ連などは、これを買い込んで模倣し、国産戦車を開発していく。

ここで評価を得たビートル・ボートが「戦車用はしけ」となって装備化されるのは、一九三七年、海軍省に上陸用舟艇開発委員会が設置され、海軍作戦部に「特別舟艇五ヵ年計画」が作成されて開発に拍車がかかってからだった。一九三八年、三九年、四〇年度の三ヵ年の上陸用舟艇開発予算は一二六万四〇〇〇ドルであったが、一九三五年度の開発予算は、わずか約四万ドルだったという証言もあるので、急激に上昇したと推定される。

なお海軍および海兵隊全体の研究開発予算は一九三五年度では二五四万ドルで、そのうち二〇〇万ドルが航空関係にあてられていた。国防予算が急増した一九四〇年度においては八九〇万ドルに伸びたが、やはり、その大半は航空機、電子装備の開発に向けられていたので、上陸用舟艇関係者には決して満足な額ではなかったという。

だが一九三八年頃の為替レートは、一〇〇円がほぼ二八ドル強であるから、一九三五年度の「わずか約四万ドル」は約一五万円、今の数億円に相当する。一九三八年度以降の三ヵ年で一二六万四〇〇〇ドルは約四五〇万円、今の二〇〇億円弱であるから、民需品の改良としては十分な金額である。

なお広義の上陸用舟艇もしくは両用戦舟艇も、厳密にはつぎのように区分されていた。

(一) 上陸用舟艇 (landing boat) 兵員を母船から陸地へ輸送

(二) はしけ (lighter) 戦車や砲を母船から陸地へ輸送

(三) 水陸両用車両 (amphibian) 一九三〇年代には単に火力支援武器として想定

兵員上陸用舟艇の元祖、ヒギンズ・ボート

海軍省に上陸用舟艇開発委員会が設置されたのも海兵隊の要求によるものだったが、その四年前の一九三三年、海兵隊本部に海兵隊装備委員会が設けられている。ユーザーの要求に合致する既成品を調査して装備品として推薦したり、既製品に適当なのがなければ新たに開発を要求したりする役目である。当初は他に本来の職務を持つ一一名の士官で構成されていたが、一九三七年にはフルタイムの二〇名の士官が勤務するようになった。こうなると一つの新しい部局が誕生したのと同じであるが、自分たちが希望する性能の上陸用舟艇を取得し

1945年6月、ボルネオのバリクパパン付近に上陸するオーストラリア軍。手前の舟艇がヒギンズ・ボート。上陸用舟艇の基本は「はしけ」であった。

たいという海兵隊の熱意が見られる。

ようやく一九三五年、海軍省建設・修理局（後の艦船局）が要求性能をまとめて既存する商用ボートへの適合性を調査した。応募した九社のうち審査の対象となり得たのは五種類だけで、四つは漁船、その一つは金属製のサーフ・ボートだった。一九三六年夏、さらに三八年夏にも比較試験が行なわれたが、当局のお眼鏡にかなう品は一つもない。兵員が一〇フィートほど飛び下りないと上陸できないものもあるし、どれも母船からの巻き上げや巻き下ろしにゴタゴタする。

そこで、これら漁船の長所をまとめた新舟艇を建設・修理局が設計・建造し、一九三九年から四一年まで試験評価するが、この「局ボート」も不可となる。併せて在来の海軍標準ボートも評価されるが、速度、機動性に難がある上、サーフ（いそ波）に対する操作が難しくて不可とされた。こんな時期に日本軍の広東上陸が行なわれたのだから、ジロジロ見られたのは当然であろう。

ここで一九二六年以来、自分が考案したユーレカ・ボートを提案し続けてきたニューオリンズの舟艇製造業者アンドリュー・ヒギンズの出番となる。応募九社には加わっていなかったのに特別に審査を受けるチャンスを与えられる。よほど海軍も困っていたのだろう。一九三八年春、このユーレカ・ボートを試験した舟艇委員会は合格のご託宣を下す。さらに翌年の艦隊演習でも実用性を「局ボート」や既存の漁船とともに評価され、ユーレカ・ボートだけが合格する。

その頃、上陸部隊の輸送は軍艦ではなく輸送船や改造商船で行なうよう運用構想が変更され、母船からボートを吊り下げる吊り柱の間隔が長くなった結果、扱えるボートの全長も三〇フィートから三六フィートに伸びたが、ユーレカ・ボートの長さはちょうど三六フィートであった。

のちにヒギンズ・ボートとも呼ばれるユーレカ・ボートの採用はほぼ決定したが、一九四〇年の時点では高い舷側から兵員や物資を舟艇に乗せるのはまだ困難だった。一九四一年四月、乗下船のためのランプ（斜面）を舳先に取り付けた日本軍舟艇の写真を海兵隊で見せられたヒギンズは、直ちに同様のランプを試作品の舳先に自費で取り付け、ここに二〇人乗りで木製五トン、速度一〇ノットのLCPが誕生する。これに続いて鋼製で一部装甲の一三トン、一〇ノットのLCA、さらには、もっと耐波性のある二〇〇人乗りの三八四トン、一四ノットのLCIが建造されていく。

翌月、ニューオリンズのヒギンズの会社へ評価試験にやってきた装備委員会幹事エルンスト・リンサート海兵隊少佐は、コロンビアの税関向きに建造されたランプ付き四五フィート

表23　当時使われた両用艦艇の米海軍艦種記号＊

AKA	(Amphibious Attack Cargo Ship)	上陸作戦用貨物輸送艦
AP	(Transport)	兵員輸送艦
APA	(Amphibious Attack Transport)	上陸作戦用兵員輸送艦
LCI	(Landing Craft, Infantry)	歩兵上陸船艇
LCM	(Landing Craft, Mechanized)	機械化上陸用舟艇
	(Landing Craft, Medium)	中型上陸用舟艇
LCT	(Landing Craft, Tank)	戦車上陸用舟艇
LCP	(Landing Craft, Personnel)	兵員上陸用舟艇
LCVP	(Landing Craft, Vehicle, Personnel)	車両・兵員上陸用舟艇
LSD	(Landing Ship, Dock)	ドック型揚陸艦
LSM	(Landing Ship, Medium)	中型揚陸艇
LST	(Landing Ship, Tank)	戦車揚陸艦
LVT	(Landing Vehicle, Tracked)	装軌式上陸用車両
LVTP	(Landing Vehicle, Tracked, Personnel)	装軌式上陸用兵員輸送車
LVW	(Landing Vehicle, Wheeled)	装輪式上陸用車両

(注) ＊：最初のAは、本来は補助艦艇AuxiliaryのAである。太平洋戦争においても両用艦艇はいまだに「補助」という地位に置かれていた。そこで語尾にA (Attack) をつけて士気の高揚を図った。

鋼製はしけを見て驚いた。ブルドーザーを乗せた姿は、この人員用上陸用舟艇と併せて探求してきた「戦車用はしけ」のイメージそのものなのだ。

官製に勝ったヒギンズの戦車はしけ

『「戦車用はしけ」の元祖』で述べたように、早くも一九二六年、火砲用五〇フィートはしけの評価試験が行なわれたが、自走能力がなくて曳航が必要なので最終的には不採用となった。だが、これの長所は二枚平行したランプが船尾に蝶番留めされており、また船尾から接岸できたことである。一九三五年には標準型五〇フィート内火艇を既成索具の活用により軽車両や火砲用はしけに用いる計画が登場し、早速、艇と索具が試験されたが、トップヘビーのためちょっとした大波で転覆することが分かった。

戦車の寸法や重量が変わる度に、はしけの寸法も変わった。一九三五年には海兵隊の戦車はまだ重量九五〇〇ポンドだったので三八フィートはしけで十分であり、海兵隊司令官の要求で三八フィート型が試作され艦隊演習で試験評価されたのは一九三八年であるが、かなりの速度で自走できた。もう一つ別の四〇フィート型も海軍によって試作され、同じ演習で評価されて結局どちらも合格する。

ところが一九三九年には、海兵隊は九五〇〇ポンドのマーモン・ハリントン戦車に代えて陸軍の一五トン戦車の導入を決定したので、四五フィート型はしけが必要となった。一九四〇年冬の艦隊演習で試作品が試験評価され適当と判断されるが、突然ハプニングが起きる。別の演習で陸軍戦車が片側へシフトして試作品が沈没したのである。波浪はまずまずだったので耐波性が疑われた。

このような状況において偶然にも、ブルドーザーを載せていたヒギンズの四五フィート型はしけが海兵隊当局の目に留まり、試験評価を経て採用となる。艦船局はヒギンズのはしけに対抗し、独自の四七フィート型はしけを試作して評価を受けるが、上陸部隊司令官ホーランド・スミス海兵隊少将は、「重い。のろい。扱いにくい。パワー不足で接岸後の離岸に苦労する」と無慈悲に報告している。

ところが一九四一年秋になって、またぞろ状況が変わる。陸軍が重量三〇トンのシャーマン中戦車を開発したのだ。ヒギンズのはしけも、海兵隊サイドでの悪評にもかかわらず採用となった艦船局のはしけも五〇フィート型に設計変更された。そして一九四二年四月四日、ルーズベルト大統領自らが、「九月一日までに戦車はしけを六〇〇隻建造せよ」と命令を下

コラム⑮●日米共同がまん大会

「錨を揭げて」ほど有名ではないが「海兵隊賛歌」という歌がある。先輩たちが血を流した数々の戦場の名を歌い上げ、最後に「ウィ　USマーリーン」で結ぶ行進曲でポパイの歌にやや似たところがある。いや、ポパイの歌をこれに似せたのかもしれない。

かつて米海兵隊が自衛隊のある駐屯地を親善訪問したとき、客人を喜ばせようと音楽隊はこの曲で出迎えた。あいにく到着とともに夕立もやってきた。ヤヤ、指揮官を先頭につぎつぎとバスから下り立つ米海兵隊員は、土砂降りの中で直立不動ではないか。シマッタ、「海兵隊賛歌」は彼らにとって国歌同様の神聖な曲だったのである。客人だけをズブ濡れにさせるわけにはいかない著者も雨の中へ飛び出してズブ濡れに付き合った。

す。

五月にノーフォークで実施されたヒギンズ製と艦船局製との競争評価試験には陸軍もオブザーバーを派遣したが、誰の目にもヒギンズ製の優秀さは明らかで艦船局製は落第する。艦船局も隷下の工廠に、準備中の官製はしけを急遽ヒギンズのはしけに切り換えるよう命令した。ヒギンズの五〇フィート型戦車はしけは、秋の北アフリカ作戦に「間に合った兵器」となり、後のLCMの母体となっていく。

「ライフ」で見つけた水陸両用車両

耐波性を欠くクリスティー戦車は単なる戦車としてもボツになったが、米海兵隊は水陸両用戦車を追い求める。戦車を浮揚させる器材に興味を持つ英国とは対照的であった。間もなく非軍事分野から

日本軍守備隊の脅威となった米軍の水陸両用車LVT 1（上）とLVT 2（下）。水搔き形のキャタピラで水上航走を行ない、そのまま上陸が可能であった。原型は湿地帯の救難車両である。

お手本が現われる。フロリダの大湿地帯エバーグレードで不時着陸した飛行士やハリケーンの罹災者を救うのに、水陸両用トラクターが開発されたのだ。キーテクノロジーは浮揚性と水陸両用の推進力である。浮揚性は、当時まだ珍しかったアルミニウムによる軽量化で達成し、水陸両用の推進は、外輪船にヒントを得てキャタピラをグルグル回して行なわれた。この車両はフロリダの名物、アリゲーター（鰐）と名付けられる。

一九三四年に完成した最初の試作品は、全長二四フィート、重量一万四三五〇ポンドで出力は九二馬力だった。陸上では時速二五マイルで走行したが、水上では二・三マイルと遅くなる。キャタピラに真っ直ぐに付けた桟では水を十分押せないからだ。そこで桟を斜めに付けて水を側面へ押し出すように改造し、重量は一万二一一〇ポンドに低減して出力八五馬力の新型エンジンに更新した結果、陸上では時速一八マイルと劣化したが、水上では五・四五マイルに向上した。一九三六年秋のことである。

水陸両用のトラックを目的として開発されたDUCK(ダック)。2.5トンの重量の6輪車両で、車体後部のプロペラで航走する。

その後も改良は続けられたが、この試作が『ライフ』誌一九三七年十月四日号で報じられたため米海兵隊の知るところとなる。『ライフ』誌はお偉方の間でも回覧され、装備委員会幹事の海兵隊少佐がアリゲーターの視察にフロリダへ派遣される。彼が撮った一六ミリ映画を見た委員会は、このアリゲーターの採用に乗り気となり、これを購入して艦隊演習で試験評価するよう勧告した。一九三八年五月、海兵隊司令官はそれを建設・修理局に通知するが、上陸用舟艇の開発なんぞに回す金はビタ一文ないと冷たくあしらわれる。

だが海兵隊側はあきらめず、建設・修理局にも同情的な海軍士官が幾人かいたので、購入のためのわずかな支出が承認された。一九四〇年一月、軍用の設計が完成し、五月に試作が完了する。全長二〇フィート、幅八フィート、重量七七〇〇ポンドの軍用アリゲーターは、九五馬力のエンジンにより水上を時速一〇マイルで走行した。一九四一年初頭の演習では大西洋艦隊司令官のキング大将まで試乗している。最終的には軍事的見地からアルミをスチールに替え、砂で摩耗しないようにキャタピラの鋲打ちを溶接に替えたアリゲーターは、正式にＬＶＴの名も得て一九四一年七月から量産に移行する。輸送兵員は一八名であった。

一九四一年五月、これの取り扱いに慣熟して訓練の基幹要員となるよう水陸両用トラクター分遣隊がフロリダに創設され、翌年二月には第一海兵隊師団水陸両用トラクター大隊となる。ガダルカナルへの上陸には、訓練期間も含めてまさに「間に合った兵器」だった。この時期に配備されたＬＶＴ１は無装甲であったが、タラワ上陸作戦でも活躍する。

環礁の端で擱坐し日本軍の銃火に晒される上陸用舟艇を浮揚させるには、満潮を待つより術がなかったが、アリゲーターは何度も海岸と環礁を往復して生存者を海岸へ輸送した。機銃二梃を装備し装甲化されたＬＶＴ（Ａ）２はまだ五〇両しか配備されず、主力はＬＶＴ１だった。

地形も変わるほどの艦砲攻撃を加えても、巧妙に構築された日本軍トーチカは生存して頑強な抵抗を続けるのでアリゲーターには自走砲の機能も求められ、ＬＶＴ（Ａ）４のごときは七五ミリ榴弾砲さえ搭載した。装甲化されたＬＶＴ（Ａ）１にも三七ミリ砲塔が搭載される。終戦までに一万五六五四両のＬＶＴが製造されている。

ドロ縄的な開発ながらも成功したのは、アリゲーターと違って後部のプロペラを回して航行し陸上ではトラックとなるDUKW（ダック）であろう。一九四一年に〇・二五トン・ジープの水陸両用版として開発が始められ、積載量七・五トン、全長三一フィートの二・五トン車両となって早くも一九四二年に登場した。終戦までに約二万一〇〇〇両が製造されている。

だが、ドロ縄の成功は別として、これらの舟艇が「間に合った兵器」となったのは、米海兵隊が一五年間にわたって将来戦の様相、必要性、そして必要とする兵器のコンセプトを地道に研究し続けてきたからであろう。最初は大艦巨砲主義、次は航空機優先で予算を配分した米国海軍も、最後は海兵隊の要求を認めざるを得なかったのである。

3　「間に合わなかった」上陸用舟艇の悲劇

悲劇に終わったディエップ上陸作戦

ダンケルクから英仏海峡沿いに約二〇〇キロ西南へ進むとディエップという港町がある。パリからも約二〇〇キロで、パリに最も近い海岸でもある。一九四二年八月十九日、ここへカナダ第二師団主力（二個旅団と一個重戦車大隊）と第三および第四特殊部隊（コマンド）の約六〇〇〇名が強襲上陸を試みた。欧州大陸への反攻にはやや早すぎる感があるが、これは「動員されてから三年間、一度も戦ったことのないカナダ軍部隊に戦闘経験を積ませる」のとドイツ軍の防ぎ方を知って将来の本格的な反攻の参考にするための一時的な上陸で、軍事用語でいえば威力偵察である。

米国と英国の参謀本部は時期尚早だと大反対であったが、一日も早く欧州大陸に第二戦線を形成せよという文民たちの声は日増しに高くなり、とんだところでシビリアンコントロールが発揮されて、参謀たちには不本意ながらの上陸作戦実施となったのが真相らしい。

結果は大悲劇となる。九時間にわたる戦闘で死傷者と行方不明は三六〇〇名、兵器の損失は航空機一〇六機、駆逐艦一隻、五八両のチャーチル戦車のうち三〇両、一七九隻の上陸用舟艇のうち三三隻に達した。高射砲陣地やレーダーといった破壊目標に挙げられた施設のほとんどが無傷で残り、約一五〇〇名のドイツ守備隊に与えた損害は死傷者約六〇〇名と航空機五〇機に過ぎなかった。

湾岸戦争の分析も同様であるが、勝利や敗北の原因を士気の低さ、戦法や運用のまずさ、技術や装備の貧弱さと単純に理由づけるのは難しい。このディエップの悲劇も事前の砲爆撃が不十分なことや、何時間ディエップを占拠し、何時頃撤退するのかという細かい計画がなかったなど運用事項の不備が強く指摘されたが、不十分な上陸装備も大きな要因であった。

戦車を揚陸させるためのLCTはあったが、乗車したまま上陸できるLVTはなかった。わずか一七〇〇ヤードの幅しかない浜辺へ約二〇名乗りの人員用舟艇で乗りつけた第一波は、ドイツ軍の十字砲火で釘付けにされる。六隻のLCTがこれに続いたが、戦車を上陸させる時点でモタモタし、大隊長車などはランプが外れたために水深八フィートの海中に水没する始末である。上陸できたのはわずか二隻に過ぎなかった。

第二波の到着で、やっと二八両の戦車が上陸したが、高さがわずか六〇センチの「壁」の前に戦車壕が掘ってあるため四〇トンの重戦車はなかなか乗り越えることができず、町につ

大陸反攻の予行演習となった北フランスのディエップへの上陸作戦。LVTのないカナダ軍は甚大な被害をうけて後退した。

ながる道路まで進出できたのは数両に過ぎない。LCTに同乗していた戦闘工兵が死傷して、障害物破壊ができなかったのも一因である。そして砲はついに揚陸できなかった。これでは町の占拠は不可能であろう。三六〇〇名の死傷者および行方不明のうち、ドイツ側の記録では約二二〇〇名が捕虜となっていた。米海兵隊が開発したさまざまな小型上陸用舟艇の意義が改めて認識される。

遅すぎた和製LST

同じLSTでも外国のものは揚陸艦、海上自衛隊のものは輸送艦と使い分けるのは日本の奇妙な防衛論争に起因すると新聞で解説されたことがある。ところが前大戦中も揚陸艦ではなく輸送艦という表現が使用された。

まず一等輸送艦は文字どおりの輸送艦であり、ガダルカナル島攻防戦で貴重な駆逐艦を効率の悪い「東京急行」に酷使した反省から一九四三年四月に軍令部が建造を要求し、九月に認められた。要目は基準排水量一五〇〇トン、速力二二ノット、航続距離一八ノットで三五〇〇浬、一二・七センチ高角砲

写真上は LCT（戦車上陸用舟艇）、下は LST（戦車揚陸艦）。どちらも米軍の艦艇で、いち早く上陸部隊に戦車を供給した。LST には外洋性も確保され、2 層の戦車甲板が設けられた。

を二門装備し、爆雷投射も可能、水測兵器や二二号電探も装備されていた。

　艦尾の傾斜した甲板にローラー付きレールを取り付け、搭載した四隻の大発あるいは七両の海軍特製水陸両用戦車（存在を秘匿するため特二式内火艇と呼称、車体前後に着脱可能な浮舟を取り付け、車体後部のスクリューで水上航進）を海面へ発進させることができ、この他に約二六〇トンの物資搭載が可能である。第一号艦は一九四四年五月に竣工し、終戦までに二一隻が竣工したが、直ちに一六隻が失われた。

　これに対して二等輸送艦は、艦首に門扉と揚陸用のランプを設けた戦車揚陸艦である。一九四二年十一月、連合軍が北アフリカ上陸の際にＬＳＴ、ＬＣＴが登場したことやガダルカ

大戦中のソロモン方面の戦訓により、搭載物の積み降ろしの迅速な高速輸送艦として誕生した一等輸送艦(上)。昭和19年4月、試運転中の二等輸送艦(下)。同艦は簡易化された箱型船体で、外洋航行には不向きであった。

ナル島攻防戦の戦訓から一九四三年六月に軍令部が一等輸送艦に続いて建造を求め、九月に大臣決裁により建造が決定した。海軍はこれをSB艇と名付ける。Sは戦車、Bは海軍徴用船の略号であるが、陸軍にも分配されている。

　同艦は、基準排水量九五〇トン、速力一三ノット、航続距離一三ノットで三〇〇〇浬、八センチ高角砲を一門と電探に代わる逆探を装備し

昭和19年２月、倉橋島の大迫海岸で行なわれた二等輸送艦の揚収訓練。艦首扉を降ろし、甲板上の車両を揚陸させた。写真下は特三式内火艇。二等輸送艦第149号はサイパン島に水陸両用戦車10両を運ぶ任務についている。

表24　米軍（連合軍）の太平洋戦争での主要上陸作戦年表

年・月・日	上　陸　地
1942. 08. 07	ガダルカナル島、ツラギ島、タナンボゴ島上陸
08. 17	マキン島上陸（翌日撤退）
43. 01. 13	アムチトカ島上陸
05. 12	アッツ島上陸
06. 30	レンドバ島（中部ソロモン），東ニューギニア，ナッソー湾同時上陸
08. 15	ベララベラ島（コロンバンガラ島西方）上陸
08. 15	キスカ島上陸占領
09. 04	ラエ（ニューギニア島）東方ホポイ上陸
11. 01	ボーゲンビル島タロキナ上陸
11. 21	マキン島・タラワ島（ギルバート諸島）同時上陸
12. 15	ニューブリテン島マーカス岬上陸
44. 02. 01	メジュロ環礁上陸，占領
02. 02	クェゼリン環礁クェゼリン島・ルオット島・ナムル島上陸
02. 29	ロスネグロス島ハイン湾（アドミラルティー諸島）上陸
05. 27	ビアク島上陸
06. 15	サイパン島上陸
06. 21	グアム島上陸
07. 24	テニアン島上陸
09. 15	ペリリュー島、モロタイ島上陸
09. 17	アンガウル島上陸
09. 23	ウルシー環礁無血占領
10. 20	レイテ島上陸
12. 15	ミンドロ島上陸
45. 01. 09	ルソン島リンガエン湾上陸
01. 29	ルソン島サンアントニオ上陸
02. 19	硫黄島上陸
03. 10	ミンダナオ島ザンボアンガ上陸
03. 26	沖縄慶良間列島上陸
04. 01	沖縄本島，久米島上陸
04. 17	ミンダナオ島パラング，マラパング上陸
07. 01	ボルネオ島バリックパパン上陸

ていた。中型戦車一三両搭載という要求だったが、九五式軽戦車なら船倉と上甲板合わせて一四両搭載可能であるものの、九七式中戦車改だと九両、水陸両用戦車だと七両が限度であった。兵員は二〇〇名の輸送が可能だった。終戦までに六九隻が竣工したが、海軍所属艇だけでも四〇隻が失われた。

二等輸送艦の場合は、上陸作戦だけでなく航空基地の応急設営にも活用しようという意欲的なものであったが、戦力化されたのが一九四四年秋であり、レイテ島西海岸オルモックへの増援や逆上陸以外は玉砕前の硫黄島を含めた近海輸送に重宝されて本来の出番には恵まれなかった。一等輸送艦も集中運用されたのはレイテ島への強行輸送だけで、後は甲標的や回天の輸送など建造目的にそぐわない任務にあてられる。上陸作戦先進国らしからぬ「間に合わなかった輸送艦」であった。

四〇年も前から日本侵攻作戦を練ってきた国と、最初は局地的に進出しても最終的には戦略防御に徹する腹積もりの国との相違といえばそれまでだが、まだ制海空権を保持している時期に戦力化されていれば島嶼防衛にも有効な装備であっただけに惜しまれてならない。

「海上にあっては陸兵の戦力はゼロ、もしくはマイナス」という名言がある。おびただしい数の陸軍将兵や海軍陸戦隊員が目的地へ達するまでに恨みをのんで海没した。運良く上陸できても重火器や弾薬、糧食は海没し、付与された任務が持久ならまだしもガダルカナル島作戦のように敵飛行場の奪取であれば、残された選択肢は銃剣突撃しかなかった場合も多い。それを後世のテレビ解説者が、現場指揮官の無能と生命軽視の現われとして断罪するのは見るに絶えない。断罪されるべきは、島嶼作戦が避け難いにもかかわらず、それに必要な装備を準備しなかった中央の幕僚であろう。

これと対照的に、フィリピン奪回優先を強く主張するマッカーサー元帥に振り回されながらも、米軍が着々と太平洋の島嶼を攻め落として日本本土に迫れたのは、制海空権の保持や卓越した工業力だけでなく、自国の戦略に基づいて準備された様々な両用戦艦艇が間に合ったからであることを見落としてはならない。これによって、海兵隊員はもちろんのこと、米海軍首脳が大嫌いだったマッカーサー元帥麾下の陸軍将兵もニューギニアやレイテへ無事に上陸できたのである。

第五章　英国の知恵と米国の生産力

1　これぞ天の配剤

今も大西洋を越える握手

湾岸戦争で広く知られるようになったF117Aステルス戦闘機の操縦を許された米国以外の国のパイロットがいた。英国空軍のパイロットたちである。レーダーによる航空機の照射断面積を驚異的に低減できる設計技術を早くも一九六〇年代末に生み出したのは英国だったが、経済が衰退しアデン以東の軍事基地から撤退するという苦境では開発には移行できず、ベトナム戦争に悩みながらも宇宙競争で世界のトップを走る余裕のあった米国に売り込んだ。おかげで英国は高価なステルス機を保有はしないが、その有用性や限界を知り、またステルス技術が成金国家に普及したときの対処も学ぶことができた。

いくらで売り込んだのかという、さもしい話も流れたが、本当の技術安全保障とは特許でバリバリ儲けることではなく、このような施策を指すのだろう。武器だけでなく武器技術も輸出すべきでないという思考もあるが、技術を渡した同盟国の国家利益や理想が自国のそれとほぼ合致するなら諸刃の剣で自分に跳ね返ってくることはあり得ない。

単なる天然資源の提供であれば、往々にして欲張りのお客様が征服に乗り込んでくるが、知恵の提供国を滅ぼしては金の卵を生む鶏を殺してしまうことになる。それに相互の信頼を前提として行なわれる知恵の共有は、同盟国に対する最大の信頼の保障でもある。

これは技術情報のみならず、広く情報を共有することでもある。英国が米国と情報を共有するのは、あながち007ことジェームズ・ボンドの活躍するフィクションの世界だけではない。米国が誇る偵察衛星の生データを英国の情報専門家たちが利用しているのは公然の秘密とされている。情報収集と分析では今なお世界一と目される英国が、軍事通信衛星は打ち上げているのに偵察衛星を持たない理由でもある。

米国のランドサットを凌ぐ地表分解能で世界中を顧客にした地球観測衛星スポットによる一〇年間の運用成果を基に、一九九五年夏から軍事偵察衛星エリオス1号を運用するフランスは、その開発資金を捻出するためにイタリア、スペインを共同開発と共同利用に誘った。ところが、二〇〇〇年代にこれを継ぐ2号については両国が逃げてしまったので、しきりに金持ちドイツを誘っていたが、英国を誘おうという話がまったくなかったのも、これを裏付けている。

またオーストラリア政府の日本大使館電話傍受事件で、一部の専門家しか知らなかった米英の情報交換を約束した英米安全保障協定の存在や、さらにオーストラリアやカナダといった「白人の英連邦諸国」もこれに加わっていた事実が明らかになった。複合民族国家といってもアングロサクソンが主導する国家同士の信頼感ならではの情報共有である。だがかつては、独立運動や国益不一致が原因で戦ったこともある仲であり、第一次大戦後の駆け引きを見ても決して一枚岩の兄弟国ではなかった。両国が技術を共有するきっかけとなったレーダーとペニシリンの開発経緯と、これらを間に合わせた初の国際研究協力について振り返ってみたい。

最初は船舶衝突防止装置

電磁現象を流体力学的に分析し、光に似た横波、「電波」の存在を予言した不世出のスコットランドの物理学者ジェームズ・クラーク・マクスウェルが、その数式の難解さゆえに一部の学者にしか理解されないまま寂しく世を去ってから九年目の一八八八年、ドイツのハインリッヒ・ルドルフ・ヘルツは火花放電から電波が発生することを見事に実証する。実は論文が発表されたのがこの年で、実験成功は一八八七年とも伝えられるが、その際、ヘルツは金属板の反対側へは電波が到達しないこと、また、電波が金属板で反射されることも実証した。これこそレーダーの基本原理である。

政治や紛争だけでなく、科学の世界にも偶然性は大きな要素を占めている。たまたまヘルツは、波長六六センチという当時としては驚異的に短い波長の電波を放電で発生させたからこそ金属板での反射を確認できたが、このような極超短波（別名ＵＨＦ）が使用されるのは一九三〇年代後半になってからである。すぐに応用された無線通信でも、利用できた波長はまず長波、ついで中波だった。

早くも翌年、クロアチアからの移民である米国の電気工学者ニーコラ・テスラは、電波の反射波の検出によって反射物の位置を求めることを実用的見地から提案する。だが遠距離でも検出可能な強い反射を得るには強い電波、それも長波や中波ではなく超短波、あるいは超短波に近い短波を高出力で送信する必要がある。だが電子管のない当時は望むべきもなかった。

それほど強力な電波や狭ビーム空中線を必要としない無線通信の方は、四分の一世紀の間にめまぐるしく発展するが、レーダーの方は、ドイツのクリスチャン・ヒュルスマイヤーが一九〇四年にテレモービルスコープと称する船の衝突防止装置の特許を英国で取るに止まった。

だが、これは試作された世界最初のレーダーであり、火花放電で発生させた六五〇MHz（メガヘルツ）の連続波をマストのパラボラ反射器でビームとして送信し、別のマストに装着したパラボラ反射器で受信する。エコーの受信によって衝突するかもしれない物体の存在はブザーで警告され、パルス電波ではないにもかかわらず、空中線の仰角を変えることによって距離さえも測定した。すなわち、仰角を下げて足元の海面にビームを移し、エコーが消えた時点で船橋の高さを勘案して反射物までの距離を計算するのである（図版参照）。距離三キロ以内の船舶については有効であることを実証したが、どの国の政府も軍も、そして企業も相手にしなかった。

一九三〇年頃になると、電子管で強力な短波の短パルスを発生できるようになってきた。

レーダーの原理

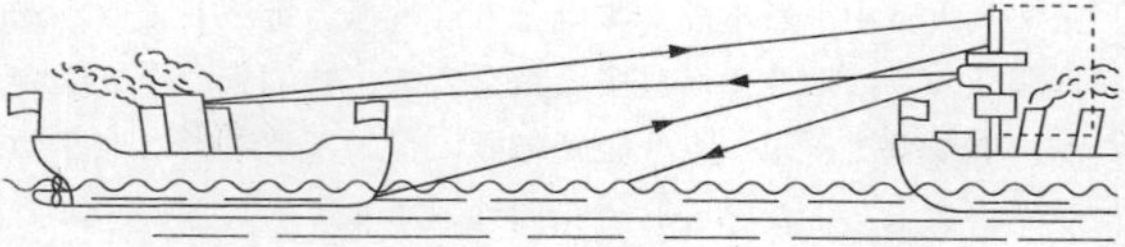

ヒュルスマイヤーが特許を得た衝突防止装置

できるだけ650MHzの送信波を受けないようにアンテナを設置した受信装置は、目標からの反射波があるレベル以上に強くなると自動的にベルを鳴らす。送信アンテナを下げていくと下向きの送信ビームは目標に代わって海面で前方散乱するのでエコーは弱まり、さらに下げると前方散乱した後、目標で反射するので再びエコーは強くなる。この方法によって連続波でありながら3キロ先の目標探知と測距を実証した。

マルコーニの大西洋横断通信をきっかけに発見された、上空で短波を反射するケネディー・ヘビサイド層（電離層）の観測が、この短波パルスによって世界各地でおこなわれるようになったが、これも原理的には立派なレーダーであった。

新しいシステムの開発においては、一見「周辺機器」として軽く扱われそうなコンポーネントが開発の死活を握る場合が少なくないが、レーダーの進展においても、一八九七年にフェルジナント・ブラウンの発明したブラウン管、もしくは陰極線オシロスコープが一九三〇年頃までに、安価で信頼性のある商品として定着したのは頼もしい援軍であった。

そして低出力ながらも極超短波を発振するマグネトロン送信機、安定した受信が可能なスーパーヘテロダイン受信機、パラボラ空中線なども出揃い、移動物体からの反射電波が示すドップラー現象も理解されるようになっていた。

コラム⑯●ニーコラ・テスラ（1856～1943）

第2次大戦中、日本陸海軍はともに「怪力電波」という幻の兵器開発の夢に取りつかれて貴重な人的、物的資源を無駄にしたが、テスラこそ早くも今世紀初頭に怪力電波の夢に取りつかれた先駆者であった。今日の指向性エネルギー兵器の一つ、高出力マイクロ波兵器にほかならない。

300キロも遠方の飛行機を強力な電波で撃墜するという予言は実証できなかったが、非常に高効率の変圧器を発明し、数十万ボルトの高圧供給に成功したときは、世界の多くの軍事専門家は、これこそ強力電波開発の第一歩かと恐れたという。なお、変圧器（トランス）という用語は、彼の命名によるものである。また彼は、電線を用いずに電力エネルギーを電波や誘導磁場によって遠方へ送電することに異常な興味を持っていた。

早くも1899年、大型の誘導コイルにより40キロも離れた何百個の電灯を電力線を用いずに点灯するのに成功している。また下部電離層と地表との間で常時共振している6～8 Hzの極長波を長距離通信に利用したり、人間の脳波をコントロールすることにも熱心であった。

第2次大戦後、米国政府はユーゴスラビア政府の要求に応じて、彼の生前の研究成果をすべて母国へ送付したが、その資料がソ連の高出力マイクロ波兵器や極長波による脳波コントロールの研究を促進したと信じる人は少なくない。物理学者としての彼の業績は、最近普及してきたSI単位系での磁束密度の単位、テスラ（T）として伝えられている。1TはCGS単位系での10の4乗G（ガウス）に相当する。

海軍に無視され防空に拾われる

技術を重視する海軍だけに、列強の海軍研究機関はどこも電波を利用して物体を検知する基礎実験を手掛け、米国海軍研究所のホイト・テーラーとマシューズ・ヤングは一九二二年、英国海軍通信学校のL・S・B・アルダーは一九二八年に研究を始めている。だが保守的な気風も、これまた海軍の伝統である。テーラーたちは、後で述べるダヴェントリー実験と同じ実験を行ない、六〇MHz（波長五メートル）の連続波の干渉現象によって木造船検知に成功した。だが、もっと強力な送受信機を二隻の駆逐艦に搭載して敵艦隊の通過を検知するための研究継続要求を上層部は却下してしまう。

この研究に真剣な興味を示してくれたのは、なんと海軍ではなく税関であった。時はカポネの暗躍する禁酒法の時代、夜陰に乗じて沖の船から酒瓶を積み替え陸地をめざす快速艇の検知に、この監視システムは、おあつらえ向きの武器だったからである。

研究で育った芽（シーズ）を開発、そして製品化まで進めるには、ニーズ、すなわち必要性の存在は必須の条件である。日本海海戦において哨艦「信濃丸」が海霧の中からバルティック艦隊の一部を見つけだしたのは奇跡的なことであり、同様の運、不運は海戦史にワンサとあった。だからレーダーのニーズは各国の海軍に確立されていると後世のわれわれは考えたくなるが、不思議なことに米国だけでなく、どの国の海軍でも研究は進まなかった。

これを海軍の保守性の表われと見る意見もあるが、二〇世紀初頭に艦船への無線機搭載が始まるとともに無線封鎖の必要性も定着していたから、電波を常時発信することへの抵抗もあったに違いない。だが結局は、どの国でも採用することになり、一三年後にアイスランド沖で霧の中を南下するドイツ戦艦「ビスマルク」を発見したのは、姉妹艦「ノーフォーク」とともに通峡監視にあたっていた英国重巡「サフォーク」のレーダーだった。

将来の脅威、航空機を早期発見したいという、レーダー開発への強いニーズを確立したのは、どの国においても重要拠点や都市の防空に責任を負っている陸軍航空隊や高射砲部隊である。日本を例外として、どの国の技術史でも自国のレーダー研究の先駆者の苦労は丹念に記されているが、本稿では開発と配備のいずれにおいても世界の先端を進んでいた英国に焦点を合わせている。英国がレーダーの実験や配備で世界のトップに立てたのは、その科学技術が世界一だったせいもあるが、第一次大戦において早くもニーズが生じていたことは見逃せない。

2　防空レーダーの開発

航空機通過で電波が乱れる

一九一七年、ドイツ帝国の航空機やツェッペリン飛行船による夜間都市攻撃に音を上げた英国は、沿岸防御のためのサーチライトを取り外して主要都市へ運び、夜空を照らした。のちに聴音機がこれをバックアップする。大戦後に防空研究所を創設するが、当分は聴音機の時代が続く。歴史は繰り返し、第三帝国の空軍機がロンドンを脅かす可能性が高まった一九三五年、技術史にも残る国家的実験、ダヴェントリー実験がスタートする。

これは、スラウの国立物理研究所電波物理試験所の所長であったワトソン・ワット卿が提

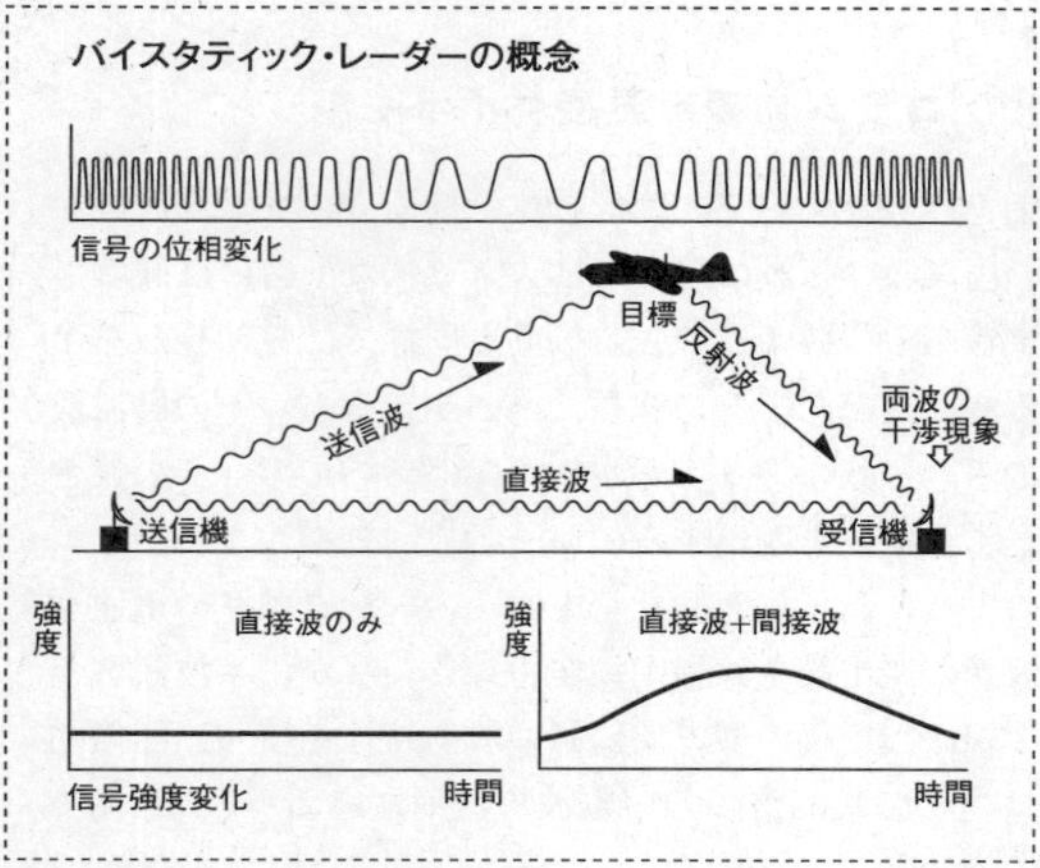

案したコンセプトに対して、空軍省審議会委員で研究開発を所管とするダウディング卿が、「科学者の奴らは何でも図で実証するが、私は実験結果を見たい」と応えたことにより急遽行なわれた実験である。

原理は、航空機が上空を通過してテレビ映像が乱れるのと同じもので、使用された電波は六MHzという、今日のレーダーと比べると、はるかに低い周波数、すなわち長い波長であった。これは、検知目標のヘイフォード爆撃機の翼長が二五メートルであることから、半波長ダイポールの原理によって強い反射が期待できる五〇メートル波長の電波を選んだからである。実験の構想も、波長の選択もすべて物理屋らしく理論的に見通したもので、行き当たりばったりの試行錯誤ではない。

ダヴェントリーに設置された送信機から輻射される主ビームを目標機が横切り、少し離れて置いた受信機に目標からの反射波が受信されると、常時受信されている直接波が干渉を受けて振幅がブラウン管の上で変動した。これも予想

コラム⑰●半波長ダイポール

建物や橋といったすべての固形物体には固有の共振周波数があり、その周波数の振動に対しては大きく揺れ、時には破壊されることすらある。弦楽器の弦の振動も同様で、弦の長さを半波長とする波に共鳴し、その波長、いいかえると、その周波数の音を奏でる。棒状のダイポール空中線においても、その長さを半波長とする電波を送信するのが一番放射効率がよい。

球面波のように、三次元的な全方向への一様な強さの電波を放射する仮想の空中線を無指向性空中線というが、半波長ダイポール空中線は空中線の横方向に強い放射特性を持ち、無指向性空中線に対して1.65倍の強い電波を放射できる（専門用語では利得1.65と表現）。

もちろんダイポール空中線、パラボラ空中線を問わず、放射したい電波の波長に対して空中線が大きいほど指向性はよいから、半波長ダイポール空中線を２段にした，１波長ダイポール空中線の方がさらによくなるが（利得3.3)、空中線が大きくなる欠点を伴う。レーダー波で照射された目標の反射物は、空中線として機能して電波を再放射するので、そのスケールの２倍あるいは同程度の波長の電波を強く反射することになる。

どおりの現象であるが、微弱な反射波が強力な直接波に負けてしまうので、できるだけ直接波を避けるよう受信空中線のビームを調整するのに関係者は苦労したという。実験はパルス電波でなく連続波で行なわれたので、目標までの距離は測定できなかったが、一種のバイスタティック・レーダーとしてのフィージビリティは見事に実証された（図版参照)。

なお、バイスタテ

イック・レーダーというのは、ダヴェントリー実験のような送信と受信の空中線や装置が分離されているレーダーである。送受切換器が完成し、一つの空中線を共有して送信と受信を行なえるモノスタティック・レーダーが登場すると姿を消すが、当時のように電波ビームを横切る物体を検知するのとは、やや異なった形で今日でも特殊な目的に使用されている。

イルミネーターと称される高出力の送信機からの電波ビーム（一般に連続波）で照射される目標からの反射波をミサイル・シーカーに検知させながら誘導する「セミアクティブ・ホーミング」もバイスタティック・レーダーの一種であり、地対空ミサイル、ホークやペトリオットがこれに該当するし、多数の受信機で反射波を検知するマルチスタティック・レーダーもこの仲間といえる。

強力な送信機からの直接波を消すために、送受信機が一〇〇〇キロ以上も離れて設置されるOTH（超地平線）レーダーも典型的なバイスタティック・レーダーである。

米国も目標を船から航空機へ切り換え

空軍省審議会は、六つの強力な開発グループの指揮をワトソン・ワット卿に要請し、最初の年から一万二三〇〇ポンドの予算を与えて開発をスタートさせる。スラウでの安泰した地位を放り出し、自分の将来を未知の技術に委ねる決意を固めたワトソン・ワット卿は、英国の「レーダーの父」となり、科学の力で祖国を救うことになるが、最も大きく貢献したのは、彼の物理学者としての頭脳ではなく卓越した開発管理者としての能力であった。

実は、世界で最も早く航空機を初期のバイスタティック・レーダーで検知したのは米海軍研究所のL・A・ハイランドであり、五年前の一九三〇年、連続波による同様の実験で一〇マイル離れた高度八〇〇〇フィートの航空機を検知している。きっかけは空地通信の基礎実験のため、地上の大きな回転台に乗せた飛行機で地上の送信機からの三三MHzの電波を受信していた際、上空を通過する航空機によって通信が乱れたことによる。

この実験は、その後も続けられ、一九三四年にはパルスを利用して目標までの測距さえ可能となった。しかも、このパルス幅は、一〇マイクロ秒という当時としては見事な狭パルスで、目標の距離分解能は理論上は一五〇〇メートルという、捜索レーダーとしてはまずまずの値であった。だが海軍研究所の管理する予算範囲内でのホソボソした実験であり、英国のような国家的要請はなかった。また今から振り返ると奇妙なことに、連続波の方が正攻法でありパルスを用いた方はどうせモノになるまいと軽視されている。

実験成果も二三・八MHzを用いて探知距離二・五マイルというサエない値だったから無理もない。米国が世界のレーダー開発史に躍り出るのは、マグネトロンを用いてもっと波長の短いレーダーを開発する必要性に迫られた英国が、一九四〇年米国へ技術使節団を派遣し、信頼性の高いマグネトロンの開発と量産を委託してからである。

日本とは比較にならないほど徹底した学者動員を行なった米国が、マサチューセッツ工科大学（MIT）の輻射研究所（現在のリンカーン研究所の前身）へ四〇〇〇名の科学頭脳を結集してレーダーの開発を推進するのは、その一年後であり、それまでは、システムとしての開発、製品化・兵器化という点で世界の先頭をひた走ったのは英国であった。

英国本土防空戦での英独両軍の損耗機累計

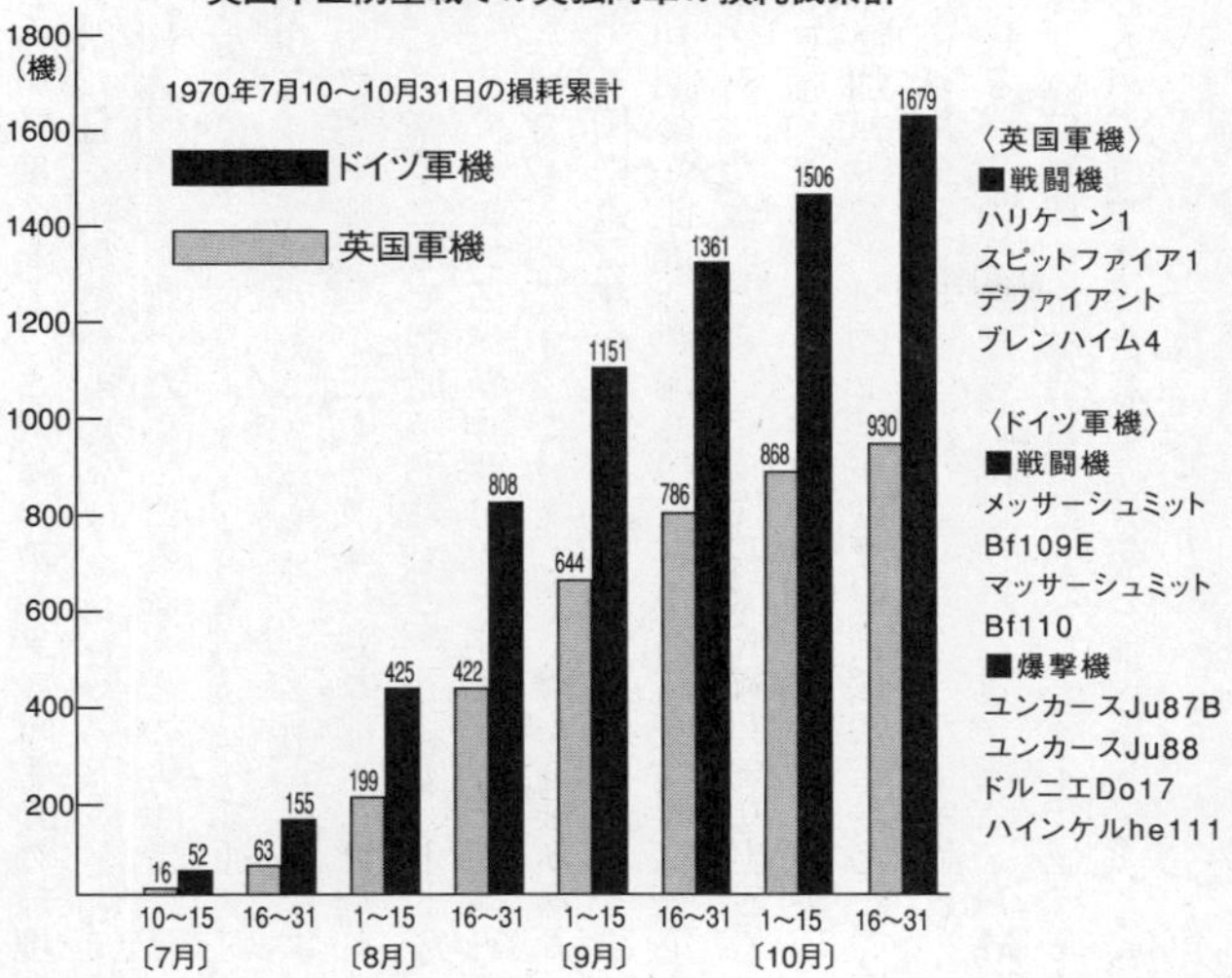

第三善を戦場に送れ

　どんな技術の発達史を見ても、新しいシステムへの強いニーズと、それを可能にするシーズ（種、すなわち新技術のこと）が結合して、一気に開発から製品化に進む時期がある。英国のレーダー開発においてはダヴェントリー実験に続く二〜三年がまさにそれであり、同じ一九三五年には英国を囲む「早期警戒の鎖（チェーンホーム）」建設が早くも計画され、サフォークに建設された最初のレーダー基地は一九三七年に英国空軍へ引き渡されている。

　空中線タワーの高さは三五〇フィートに及び、送信の方位ビーム幅は六〇度という広いものである。受信空中線は、ややマシとはいうものの一〇度が方位精度の限度であった。現在のOTH（超地平線）レーダーの空中線よりも粗い精度である。これは半波長ダイポールの原理に基づき、翼長二二・五メートルのハインケルHe111爆撃機を探知するにはダヴェントリー実験と同じ六MHz（波長五〇メートル）が最適と考えられたためであるが、この考え方は後に修正され、二〇～三〇MHz（波長一〇～一五メートル）を用いて、より高精度のものとなる。

ドイツや米国の対空捜索レーダーと比較すると、ややお粗末な感じを与えるが、ワトソン・ワット卿の「第三善を戦場に送れ。次善は遅れる。最善はついに完成しない」という指導で、確実に使いこなせるこのチェーンホームこそが一九四〇年に始まる英本土防空戦を勝利に導くのである。英本土の東・南海岸に建設されていた「鎖」は、その数二六基。どんな新兵器でも、開発するだけでなく、オペレーターを十分訓練して初めて戦力化したといえるが、英国には二年余という貴重な余裕時間があったことも見逃せない。

初期の性能は、距離七〇マイル、高度二万フィートの目標に対して六〇パーセントの探知率であったが、改良によって探知距離は一二〇マイル程度に増大する。これを補完する低空目標探知レーダー「チェーンホーム・ロー（波長一・五メートル、探知距離五〇マイル）」もすぐに加わった。目的は低空侵攻機の探知だったが、内陸部へ入り込んだドイツ爆撃機の追尾にも活躍する。

いろいろの改良型も試作された。周波数は二二MHzから数百MHzまで試され、運用目的も単なる航空機の早期発見だけでなく、サーチライトや高射砲の狙いを制御するもの、移動型のもの、航空機に搭載し航空機を捕捉するもの（AI）、あるいは水上艦艇を検知するもの（ASV）などがどっと登場する。

表25　原因別Uボート損耗の推移

原因／年	1939	1940	1941	1942	1943	1944	1945	合計
1 航空機	0	2	3	36	140	68	40	289
2 艦　船	5	11	24	32	59	68	17	216
3 1+2	0	2	2	7	13	18	2	44
4 戦略爆撃	0	0	0	0	2	24	36	62
5 機　雷	3	2	0	3	1	9	7	25
6 潜水艦	1	2	1	2	4	5	3	18
7 その他	0	4	5	6	17	43	17	92
総　計	9	23	35	86	236	235	122	746

「早期警戒の鎖」では目標からの反射信号の仰角、ひいては目標高度の測定に難があったので、ドイツ爆撃機隊を確実に迎撃する必要性から一九三九年には二〇〇MHz（波長一・五メートル）を用いたＡＩがまず開発された。そのテストにおいて洋上の艦船や潜水艦監視に威力を発揮することが実証されたので、ＡＳＶも開発されることになった。

一九四〇年九月に米国へ技術使節団を派遣せざるを得なかったのも、ＡＩ、ＡＳＶあるいは艦船搭載レーダーが超短波を利用している限りは角度精度の向上に限度があり、また海面クラッター（微弱な目標信号を隠してしまう海面からの反射）を抑圧できないので、どうしても安定化されたマグネトロンを開発してマイクロ波を利用したいという切実な理由があったからである。

このＡＳＶのマイクロ波化、そして同じマイクロ波でもＬバンドからさらに波長の短いＳバンドへの更新によってＵボートの生存がますます困難になっていったことは、表25が物語るとおりである。ひょっとしてが試作し始めるのは、「バトル・オブ・ブリテン」で果たした「早期警戒の鎖」の成果を、英国駐在陸海軍武官が速報で伝えた翌41年になってからである。だが驚いたことに、陸海軍ともに正味半年足らずで対空捜索（当時の表現では見張り）の超短波レーダーを試作し、秋には100キロ程度先の中型機を探知できるようになる。東洋で最初のテレビ放送開始を夢見て超短波送受信の実験を続けてきた日本放送協会（NHK）技術陣の協力があったとはいえ、実に驚嘆すべき進歩である。

しかし水上捜索や対空火器管制に必要なマイクロ波レーダーは、そうは行かなかった。何とかFMCW方式を脱してパルス方式レーダーとなったものの、同年の暮れ、すなわち真珠湾攻撃の頃になって、ようやく大型船舶が水平線の彼方に没するまでブラウン管上に映しだすことができた。だが送信機と受信機との周波数を一致させるために超一流の技術者が付き添っていなければならず、「武人の蛮勇に耐える」頑丈さもなく、まだ兵器ではなかったし敗戦まで兵器にはならなかった。

大戦中、千葉県勝浦灯台付近に設置された1号1型対空見張りレーダー1号機。末期には改良型が空襲情報を提供した。

コラム⑱●世界的にもユニークな日本の電波警戒機甲

この1940年9月には、日本でのレーダー開発はどのような状況だったのだろうか？　日本陸軍では「日本版ダヴェントリー実験」を前年成功裡に終了し、「電波警戒機甲」と称するバイスタティック・レーダーを科学研究所から開発の実務機関である技術本部第四部に移管し、100W以上の高出力のものだけでなく10Wや3Wといった小型を試作・仮配備していた。小型でも送信機と受信機を数十キロも離隔して、その間の警戒線を通過する航空機の検知に成功している。

日本海軍では、1936年の将来構想会議で「レーダーなどは闇夜に提灯を照らして敵を探すようなもの、敵の方が先に気づいてしまう」と海軍技術研究所の上司に叱られた「闇夜に提灯論」の呪縛がそろそろ解けかかっていたが、まだおおっぴらにレーダー開発をやれる状況ではなく、（夜間に衝突を防止するための）暗中測距装置だの味方識別装置だのといった名称で、弱々しい出力のマグネトロンから発振される20センチ波により沖合の空母からの反射エコーを岸壁で確認し始めた頃である。

まだ狭パルスを発生できないので、連続波を送信しながら周期的な三角波あるいは正弦波で周波数変調（FM）を加え、送信される電波の周波数を刻々と変化させながら目標からの反射エコーの周波数、すなわち「古さ」を知ることにより、目標までの往復に要した時間、ひいては距離を知るFMCW方式を用いていた。

英国と日本との間には5年程度のギャップがあったといえよう。「本命」となる超短波利用のモノパルス・レーダーを日本

「早期警戒の鎖」で反射信号の仰角測定が容易に行なわれていたら、AI、ひいてはASVの開発も少し遅れていたかも知れない。

3　マイクロ波レーダーで海を制圧

英国になかった艦隊防空のニーズ

レーダーの開発史ほどニーズがシーズを刺激した好例は少ないのではなかろうか。レーダーによる本土防空や潜水艦捜索では世界をリードした英国も、不思議なことに艦船搭載レーダーでは比較的モタモタしている。水上捜索や対空・対水上の射撃管制にはマイクロ波が必須であり、そのためには信頼性の高いマグネトロンの開発が先決だったからとはいえ、対抗するドイツ海軍の水上艦艇に第一次大戦の際のような艦隊決戦を挑む能力がなく、ポケット戦艦を中心に通商破壊戦を挑むだけだったことが艦船搭載の水上捜索や対水上射撃管制レーダーのニーズを弱めていたといえないことはない。

そしてドイツ空軍は洋上へ進出しなかったから、対空捜索や対空射撃管制も重要とはいえ、それほど切実ではなかったと思われる。そうでなければマレー沖海戦やインド洋海戦で、日本海軍によって、あれほど無残な敗北を喫するはずがない。事実、英国海軍は、一九三八年に四三MHzという低い周波数の対空捜索レーダーを巡洋艦「シェフィールド」と戦艦「ロドニー」に装備して八五キロ遠方の航空機検知に成功したが、一九三九年九月の開戦時には、この七九Z型（翌年夏には二七九型と改名）をようやく四〇基発注したばかりであった。

対空射撃管制レーダーとなると試作品もないので、陸軍のGLⅡレーダー（周波数八五MHz）を導入し、二八〇型と名付けて一九四〇年一月に巡洋艦「カーライル」にまず装備した。のちに日本軍がシンガポールで英軍から分捕ったGLⅡレーダーもそうであるが、周波数八五MHzすなわち波長三・二メートルの超短波では対空射撃管制レーダーとしては大きな期待は持てない。

ドイツ軍のウルツブルグレーダー。高射砲と連動した射撃管制型である。独英のレーダーを巡る戦いは熾烈な様相を呈した。

同艦は地中海へ向かいながらこれを「活用」したが、対空射撃管制よりも護衛戦闘機の管制に有効だったと報告されている。だが対空捜索レーダーもないまま、陸軍から導入の対空射撃管制レーダーだけが艦船に装備されていたのだから、米国や日本の開発順序とは明らかに異なっている。

一九四〇年六月、英軍がダンケルクから撤退した後で近くの港町ブローニュの中央広場に残されたガラクタの中から、ゴムタイヤ付きの手押し四輪車に載せられた移動式レーダーの送信機部だけがドイツ軍に発見された。使用波長は、ほぼ四メートル。どうやらGLレーダーらしかったが、英国の「チェーンホーム」配備と同じ頃に「フレーヤー」対空捜索レーダー（周波数一二五MHz、波長二・四メートル、探知距離一三〇キロ）を配備し、ダンケルク占領の頃には有名な「ウルツブルグ」対空射撃管制レーダー（波長五〇センチ）さえ配備していたドイツには、まったく価値がなかったらしい。

だが英国の資料によると一九四一年にはGLレーダーもややマシなものとなり、前年には高射砲の命中率が二万分の一だったのが四〇〇〇分の一に向上したという。

一方、開戦時期のドイツでは、地上設置型の「フレーヤー」のみならず、約二〇キロ先の艦船を探知できる艦船搭載型水上捜索レーダー「ゼータクト」（周波数三六六MHz、波長八二センチ）も装備段階にあった。装備一号艦は映画『シュペー号の最後』で有名なポケット戦艦「グラフ・シュペー」であり、開戦前にこれを装備した後、通商破壊戦に出撃する。そして、モンテヴィデオ沖で自沈を強いられた「グラフ・シュペー」から海面に出ているマストによじ登ってゼータクト・レーダーを持ち去ったのは、どうしても満足な艦載レーダーが造れない英国の諜報員たちであった。

その努力は波長五〇センチの二八四式射撃管制レーダーとして「ビスマルク」撃沈に「間に合った兵器」となる。「サフォーク」などは出港の数日前に据え付けられるほどのドロ縄であった。最初はビーム幅の広い広範囲捜索モードで目標を捕捉し、つぎにビーム幅の狭い射撃管制モードで目標を標定するのだが、最大監視距離は通常一〇浬、調子のいい場合でも一五浬しかなかったが、これでも霧の中から「ビスマルク」を発見し、また同艦の射撃を避けながら追尾することができた。

艦載レーダーで米国の出番

レーダーの兵器化ではやや出遅れた米国も、日本海軍の強力な水上艦艇と航空攻撃に備えて超短波レーダーの研究を一九三〇年代後半には始めていたこともあって、一九四二年六月のミッドウェー海戦の頃には対空捜索とある程度の水上捜索を狙った超短波のSCレーダー（出力一〇〇kW）を重要艦艇に装備する。劣性の空母群でミッドウェー海戦を勝ち抜いた裏には、中型機に五〇キロ程度の探知能力を持つ、このSCレーダーの存在があったことはいうまでもない。だが、これはあくまでも超短波利用のレーダーだから、対空捜索はできても海面反射が強い水上捜索や射撃管制は苦手である。

そこで必要となるのが、安定して信頼性の高いマグネトロンの開発によるマイクロ波レーダーである。ちょうど英本土防空戦の始まる一九四〇年半ば、英国の科学使節団はバーミンガム大学物理研究所のランダールとブートが開発した波長九センチで先端出力五〇kW、平均出力一kWという、それまでのものより一〇〇倍も強力なマグネトロンの資料を伝え、もっと容易に生産する研究と量産を米国に依頼する。

米国はさまざまなレーダーの研究を陸海軍の研究所や企業で行なわせていたが、このマグネトロンを用いたマイクロ波レーダーの研究だけは、同年十月にマサチューセッツ工科大学に設立された輻射研究所に集中して実施させる。マイクロ波を用いて英国がすぐに必要としたのは、もっと方位精度の良いＡＩレーダーであったが、米国は恐るべき日本艦隊との水上決戦に備えて、艦艇搭載型の水上捜索レーダーを開発する必要もあった。

ようやくマイクロ波レーダーが実用化された一九四二年秋、ソロモン海域での数々の海戦

米空母「エンタープライズ」のレーダー装備（艦橋付近）

▶1942年３月　艦橋最上部の装備がCXAM-1対空・対水上捜索レーダー（波長150cm，出力15kW，探知距離50～70カイリ），装置が大きく駆逐艦など小艦艇には搭載されていない。

▼1945年９月　艦橋には、CXAM-1の改良型であるSK対空捜索レーダー（波長150cm，出力200kW，探知距離100カイリ）と，これに替わってこの年に実用化されたSP対空捜索レーダー（波長10cm）が並ぶ。さらにSC-2対空・水上捜索レーダー（波長50cm，出力20kW，探知距離40～80カイリ）が煙突上に装備されている。

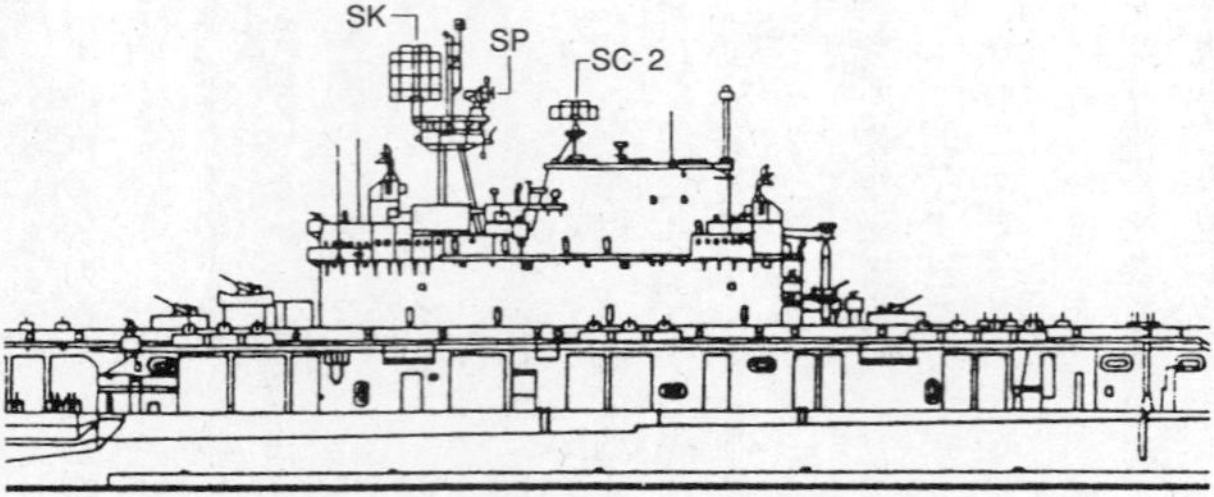

には、水上捜索とある程度の水上射撃管制が可能な一〇センチ波のSGレーダー（出力五〇kW）が登場して日本海軍得意の夜襲を封じ込める。SCレーダーでは水上艦艇を一〇キロ程度で発見していたのに対してSGレーダーは三五キロあたりから見つけてしまう。ソロモン海戦後期になると、パル

ス幅も二マイクロ秒から〇・三マイクロ秒に（したがって距離分解能は一〇〇メートルに）、空中線の方位精度も二度から〇・七五度へと向上し、現代のレーダーと変わらないほどにアカ抜けしたものとなる。これならば射撃管制にも十分である。

だが米海軍が西太平洋を制圧するのに果たしたレーダーの役割を振り返ると、日本艦隊を、そのおはことする夜戦で破ったSGレーダーもさることながら、その潜水艦搭載版ともいえる水上捜索SJレーダー（出力五〇kW）は、日本商船隊喪失要因の半分を占める米潜水艦隊の働きを倍増した点でさらに大きいといえる（表26）。

米潜にとっても日本の対潜哨戒機は警戒すべきものだったから、一九四二年から装備が始まった超短波の潜水艦用SD対空レーダー（出力一〇〇kW、探知距離三五キロ）も貴重な守り神であったが、獲物を探知して積極的に追跡するようになったのは同年末期にSJレーダーが装備されてからである。それ以降、日本の商船隊や主力艦の被害は激増した（表27）。そして、使いやすいPPI（平面目標表示装置）も、すぐに追加配備された。狭い潜水艦内では大助かりである。

ちょうど一九四三年にマイクロ波のAIレーダーが装備されてUボートの撃沈数が急増した場合と同様に、この米潜水艦による撃沈数増加も、出撃する潜水艦の増加、魚雷の信頼性向上といったSJレーダー以外の要因もたくさんあるから、SJレーダーだけの手柄とすることは難しいが、それが必要条件であったのは確かである。

かれらは日本海軍の艦艇や哨戒機に装備された電波探信儀（日本海軍のレーダー呼称）二一型や一三型が超短波使用のため水上捜索にはあまり効果がないのを知ってか知らずか、夜間

表26　要因別の日本商船隊損害

要　　因	喪失重量トン（100万トン）	比率（%）
潜水艦	5.3	55
艦載機	2.0	22
陸上機	1.0	11
機雷	0.5	5.4
水上艦艇	0.3	3.3
その他	0.4	4.3

（注）その他とは海難事故,陸軍の砲撃,特殊部隊の攻撃など

は悠々と浮上し、SJレーダーで海面を捜索して暴れまわった。

たとえばレイテ海戦に向かう栗田艦隊に二隻の米潜が連携攻撃をかけ、瞬時に重巡「愛宕」「摩耶」を撃沈し、重巡「高雄」を大破させて出鼻を挫き、翌年二月のルソン海峡では、一隻の米潜がレーダーで捕捉した日本潜水艦を二晩に三隻も雷撃して沈没させている。

横須賀から呉へ回航中の「信濃」を三宅島付近でレーダーによって捕捉した「アーチャーフィッシュ」のごときは、「信濃」を七時間近くも追跡し最後は先回りして待ち伏せるという舐めきった態度で雷撃した。これらは、すべてマイクロ波レーダーなくしては不可能な戦果である。

一方、日本海軍の水上捜索兼射撃管制レーダーの不調が和製マグネトロンにあったのはいうまでもない。日本陸軍は和製マグネトロンの実用化を待ちながらも、シンガポールやコレヒドール要塞で英軍や米軍から鹵《ろ》獲《かく》した超短波利用の対空射撃管制レーダー（当時の陸軍の表現では電波標定機）を模倣したものを開発、配備したが、波長三メートル前後の超短波であるため空中線のビーム特性が貧弱で、また送受信機の信頼性も低かったため、本土や南方要地の防空には十分寄与しなかった。

だが開戦前のほぼ一年間で日本陸海軍が独力で超短波の対空捜索レーダー（陸軍は電波警

表27　太平洋での米潜水艦の戦果

年	日本艦艇 撃沈隻数	日本艦艇 トン数 (1000トン)	日本商船 撃沈隻数	日本商船 トン数 (1000トン)	米潜水艦 延出撃数	米潜水艦 損害
1941～42年	2	11.0	180.0	725	350	7
1943年	22	29.1	335.0	1500	350	15
1944年	104	405.7	603.0	2700	520	19
1945年	60	66.1	186.5	415	330	8

(注) 隻数の少数は,航空攻撃と並行して生じたもの。

戒機、海軍は電波探信儀)を開発し、一九四二年秋には本土要地や主要艦船に装備したことは特筆すべきであろう。

マイクロ波利用の水上捜索兼射撃管制レーダーは間に合わないにしても、急ぐ必要があったのは米海軍のSCレーダーに対応する二一号あるいは一三号といった超短波利用の対空捜索レーダーの艦艇搭載であったが、空中線接続も含めた艤装要領に劣っていたことも間に合わなかった一因となった。とくに潜水艦への本格的なレーダー搭載が遅れたのは空中線の防水や絶縁の問題が解決されないからであり、マリアナ海戦に至っても、まだ試験的にしか搭載されていなかった。

信頼性の低い二二号マイクロ波レーダーよりも、比較的安定していて航空機探知に有効な一三号超短波レーダーを何とか搭載したいというので、思い切って通信用の無指向性短波空中線に接続したところ、方位は不明だが約五〇キロ遠方の航空機を検知することができた。ドンドン近づいてくるようなら、ともかく潜水すればよいのである。こうやって潜水艦に一三号超短波レーダーが装備されるようになった一九四四年秋には、日本潜水艦隊はすでに壊滅状態であった。その成果が重巡「インディアナポリス」撃沈となって現われたときには、すでに日本はポツダム条約受諾に向かっていた。

4 ペニシリンなき日本将兵の悲劇

医薬品も戦力格差倍増器

ペニシリンは医薬品であって兵器ではない。だが日本にとってはほとんど間に合わず、連合国にとっては完全に間に合った医薬品であり、彼我の人的資源の差をさらに拡大させる「戦略的戦力倍増器」となった意義を無視することはできない。ビルマやニューギニア、フィリピンの戦線において、給養に恵まれた米英軍の兵士と違って食うや食わずの状態だった日本軍将兵は、慢性的な栄養失調に追い込まれ、ちょっとした疾患や戦傷でつぎつぎと帰らぬ人となっていく。

本質的には「医」よりも「食」の問題であるが、もともと弱体な補給力が制海空権を敵に奪われて無きに等しい状態となり、「医薬」がさらに重みを持つようになる。だが日本軍の医療機関は、それに応えることができず、野戦病院への入院は死に直結するという悲劇が各地で生じた。ぜひ必要な側に医薬品がなく、補給や体力に余裕のある側にあるのだから、戦力倍増器というよりは戦力格差倍増器だ。

草の根をかじり泥水をすする南方の最前線でも、パイロットだけは比較的恵まれた給養を受けていたが、それでもマラリアや消化器の疾患から免れるわけにはいかなかった。一九四三年八月、ニューギニア戦線で苦戦する第四航空軍のパイロット三九五名のうち搭乗可能なのは六六パーセントに過ぎず、残り三四パーセントは病人だという報告がある、搭乗可能といってもマラリアやデング熱、アメーバ赤痢に悩む半病人であり、当時の雑誌での座談会でも「一日に一〇回以上下痢が続くようになると、やっと軍医が薬をくれる」という発言が残されている。

痛む下痢腹を抱えて爆撃や船団護衛に四時間も飛ぶのだから痛々しい。今日では使い過ぎの害や過信が問題となっている抗生物質であるが、当時、バイ菌の巣のような南方戦線へ送ることができたら、どれほど戦力が増強されたかはいうまでもない。

マラリアは、華中以南のほぼ全戦線で敵味方ともに悩まされたが、日本軍はキニーネの産地インドネシアを早期に占領し、また死亡する患者は予想外に少ないので対策には自信を持っていた。だが栄養失調状態では薬効も減り、熱帯熱、回帰熱などと混合感染した場合にはキニーネでもお手上げだった。梅毒退治に少量だけ補給されていたサルバルサンで治療できることが判明したが、いかに少量で効果を挙げるかに軍医は頭を悩ませた。

戦傷死よりも戦病死の多かった野戦病院

中国戦線も悲惨であった。生水を絶対に飲むな、といわれる土地で飲まざるを得ない状況に置かれるのだから当然のことである。徐州作戦のような日華事変初期の作戦も大変であったが一九四四年六月に始まり約五ヵ月後に終了した大陸打通作戦は、まるで病人が移動する感があった。

これは前年末、中国江西省から一四機の米陸軍B25爆撃機が台湾を爆撃したので、中国大陸の北から南へ大進撃し、そのような不埒なことをさせないよう飛行場をすべて占領するとともに、確保している北京から漢口に至る鉄道（京漢線）からさらに南下して長沙、衡陽、桂林、柳州、仏印国境までを「打通」しようという大作戦である。そろそろ危なくなってきた南方シーレーンを補完する南方との鉄道連絡線も確立できる。

十月には米軍機の「巣」となっていた景勝の地、桂林を占領して作戦は成功裡に終わるが、後方をあずかる主計、そして病人をあずかる軍医にはインパール作戦とは違った形での悲劇となった。まず軍票はもちろんのこと、南京の汪政権が発行した紙幣でも奥地の住民は物を売らない。煙草、茶、木綿、砂糖、薬などとの現物交換でないと食糧が手にはいらない。ところが物資は高騰して主計も十分に交換物資を準備できず、また日本の勝利に疑問を抱き始めた商人たちは売ろうとしない。ちょうど円高に悩む、今の在日外国人と同じ悩みを抱えて一五個師団、三〇万人が進軍したのだ。

一部の歴史書は、中国での日本軍は、駐屯しても進軍してももっぱら徴発だけで食糧を賄っていたかのように描いているが、それだとすぐに民心が離反することは、長い大陸作戦で十分、経験ずみである。比較的大きな街に小規模な警備隊が駐屯した場合には、住民の生命財産を保障する代わりに「思いやり予算」を強要したが、一般に進軍するときは、現地貨幣や交換物資で調達していた。

ところが、この奥地での作戦では、主食の米は手にはいっても副食、とくに新鮮野菜がまったく手に入らない。中国側が焦土作戦で対抗したばかりでなく、かつての日本の山村もそうであったように自家消費量以上は栽培しないからである。

その結果、カロリー不足に蛋白質、脂油、ビタミン類の不足で三〇万人の大軍は、たちまち「戦争栄養失調症（徐州作戦のあとで著しく痩せ、頑固な下痢が続く患者に命名された病名だが、戦後は単に栄養失調症と改名）」の患者集団となり、アメーバ赤痢やマラリアを併発していった。

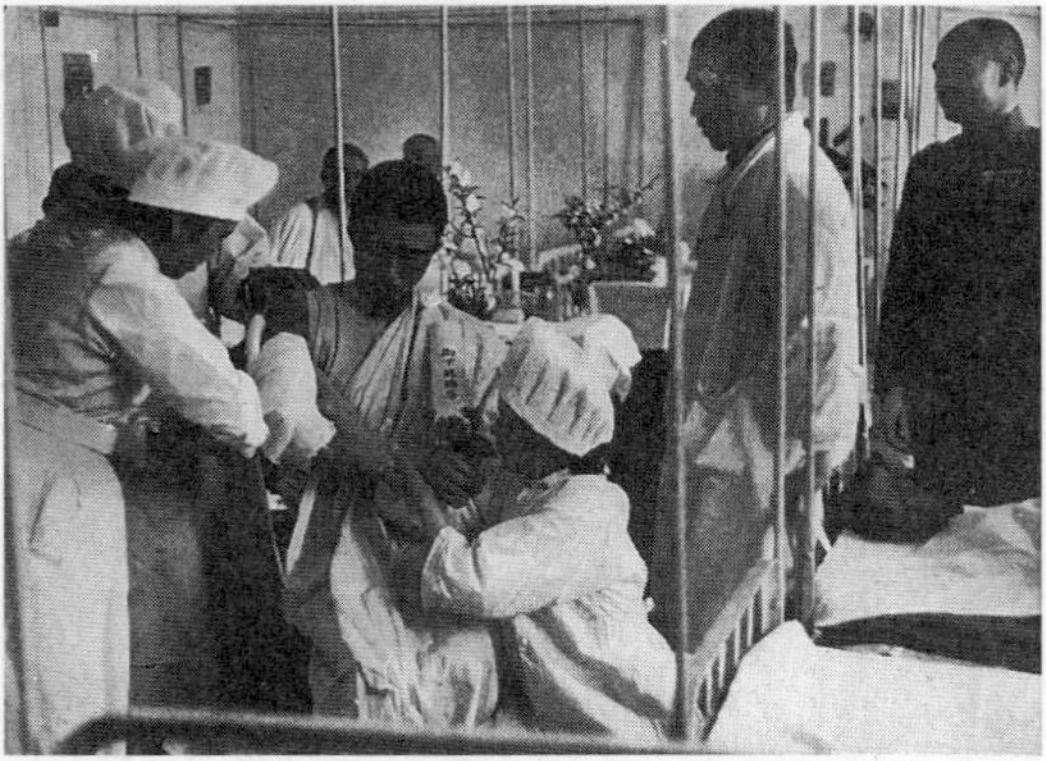

病院で治療をうける日本兵。作戦中に傷病兵を確実に後送させるには数多くの人員を必要とし、兵站の確保がもとめられた。

当時、支那総軍司令部付軍医としてマラリア予防の指導に地区・野戦病院をつぶさに観察した長尾五一軍医中佐の報告によると、作戦終了時に確認されたのは戦死者一万一七四二名、戦傷者二万二七六四名であるが、病死者は戦死者に含まれていて不明である。病死を不名誉なこととして戦傷死とすることもあり、戦傷に伴う病死もあって厳密な区別ができない。だが戦病患者は六万六五四三人に上り、この死亡率が異常に高い。

比較的医療条件の良い武漢地区陸軍病院においても、作戦前の死亡率は一九四三年度で一～二パーセントだったのが翌年の七月と八月には四～五パーセントに上昇した。もっと条件の悪かった長沙地区の野戦予備病院となると総収は30キロに達し、円匙に代わって十字鍬を持つ小銃手や軽機関銃手は31キロ、軽機弾薬手は34キロ弱に達している。装備重量は体重の40パーセント以下であるのが理想とされていたが、50キロ近くに痩せこけた弱兵には60パーセントの負担になった。

表28　小銃手の装備重量と内訳

品　目	数　量	重量 (kg)	品　目	数量	重量 (kg)
三八式歩兵銃	1	3.950	帯皮前後盒	1	1.685
三〇年式銃剣	1	0.440	弾薬実包	120	1.250
手榴弾	2	1.000	鉄帽	1	1.100
携帯口糧　甲	4日分		雑嚢	1	0.250
乙	1日分	3.420	防毒面	1	1.000
缶詰	3	0.450	器具（円匙）	1	2.300
食塩	1日分	0.012	飯盒（合飯）	1	1.900
干魚	1日分	0.150	水筒	1	1.250
梅干し	1日分	0.150	地下足袋	1	0.500
被服・日用品		2.250	合計		23.057

容数の三〇パーセント以上の高さである。つぎにある部隊について見てみると、衡陽攻撃で師団長以下、司令部要員が相次いで負傷するという苦戦を経験した檜兵団（部隊の秘匿名称）の作戦期間中の野戦病院入院患者は約四四〇〇人で、その三七パーセントに相当する約一七〇〇名が死亡している。

戦傷者は砲創、銃創、爆創のいずれについても死亡率は約二〇パーセントでマラリアの五〇パーセント、細菌性赤痢の六八パーセントといった死

コラム⑲●痩せこけた身体に30キロの装備

最近の若者は背だけは高いが持久力がなく……と嘆くのは、あながち胴長短足世代のひがみだけではないようだ。「米海兵隊と共同訓練したら、同じ車社会で育った米兵が30キロ近い装備を背負ってスタスタ行くのに、こちらは20キロ少々でもヨタヨタするのがいて……」というこぼれ話を自衛隊で耳にする。だが今の若い隊員たちの祖父たちは、痩せ衰えた身体で30キロの装備を運んだのだ。

まめな調査マンであった長尾五一軍医中佐の現地での記録によると、1941年９月に第１次長沙作戦出発時における第234歩兵連隊一般中隊小銃手の装備重量とその内訳は表28のとおりである。平均値か抜き取り値かは不明であるが、訓練関係のマニュアルに定められた数値ではなく実測値なので貴重な資料である。このように天幕を持たない行軍もあったのだ。

この第１次長沙作戦では車両部隊が追随したし、反転して元の駐屯地へ戻る作戦だったから合計でも25キロに止まっているが、道路がないので駄馬編成で進軍した打通作戦では装備重量

亡率よりも低く、また戦傷者の絶対数が戦病者よりもはるかに少ないため、患者死亡者に占める比率も一四パーセントであり、七四パーセントを占める戦病者の五分の一に過ぎない（残りの一二パーセントは事故による入院と思われる）。つまり入院患者の過半数と死亡患者の四分の三が病人である。

病院の置かれた環境が恵まれておれば、戦病者の死亡率が檜兵団の場合ほどは高くないが、戦傷者で戦病を伴ったものは一般に不幸である。漢口第一病院のデータによる

と、戦傷者三七八四名中、一五パーセントに相当する五七九名が戦病を合併した。一番多いマラリア患者（四二七名、一一パーセント）の場合は一般戦傷者と大差ないが（平均戦傷死率三パーセント）、細菌性赤痢を合併すると（六〇名、一・六パーセント）死亡率は三八パーセントに急増する（赤痢のみの死亡率一七パーセント）。そして創の治癒経過も不良である。アメーバ赤痢（三六名、〇・九パーセント）を合併した場合も同様に治癒経過不良となるが、死亡率自体はアメーバ赤痢だけの場合の二〇パーセントよりも低いという。もっとも、これは標本数が少ないためであろう。

また死亡率ではなく体力低下と疾病による全軍の実働率の低下を見れば、夏には勤務可能者は作戦発起時の何と三分の一に低下した。そこで八月八日に衡陽を占領したあと、桂林、柳州への攻撃を開始する十月二十七日まで休養と人員補充に努めた結果、戦力を七〇〜八〇パーセントに回復することができたという。もし中国軍の戦意が高く、「実働率三分の一」を知って逆襲に転じたら「打通」どころではなかったかもしれない。

5　戦時下なるがゆえに開発できたペニシリン

もう一つのマンハッタン計画

ペニシリンの発明を、原子爆弾の開発と併せて第二次大戦中の最大の発明という人も少なくない。ところが開発の形態は、原子爆弾の場合と大きく違うところと似たところがある。原子爆弾の開発はナチスの迫害を逃れて渡米した欧州の頭脳が伝えた「ドイツが先に開発するかも知れない」という危機感が大きな原動力となった。実際にはドイツの方はほとんど進んでいない状態だった。

それに対して、ペニシリン開発の推進力となったのは少数の英国病理学者の熱意であった。「ドイツが先を越すかも知れない」という思考はまったくない。それにもかかわらずフロリーをリーダーとするオックスフォード・チームが英本土決戦を控えた厳しい環境の中で研究を進め、英国内でのスポンサー探しは諦めて米国企業に必死で援助を求めさせたのは何だったのか。正しい意味での科学者の功名心、人類全体に益する奇跡の薬を開発する使命感、時局が時局だけに、まず英国国民を救おうとする愛国心……。おそらく単純なレッテルを張れるものではなく、これらの複合したものであろうが、V2ロケット開発のドルンベルガーやフォン・ブラウン、原子力潜水艦開発のリコーバーと相通じる科学技術の先駆者、伝道者の心意気といえるだろう。上の人の指図にだけ従って、ハイ、ハイと動く能吏には求めようがないスピリットである。

原子爆弾とペニシリンに共通するのは、最後は多くの科学者や企業の協力や組織化が成功か不成功かの鍵となったこと、そして米国は見事にそれを成功させたことである。それも上の人の指図に従うのが大嫌いな大先生たちを、「非常時」と「お国のために」を切り札にして組織化したのだ。両方を比較すると、つぎに挙げるような理由から組織化という点ではペニシリンの方が困難な事業だったといえよう。

まず原子爆弾の場合は、B29という爆弾搭載能力九トンを誇る化け物のような武器運搬手段が登場したおかげでプロトタイプもどきの未熟な「製品」を戦場へ配備できたし、量産する必要もなかった。それに引き換えペニシリンは、工業化や量産、コストダウンの問題を避けて通ることはできなかった。その結果、これもレーダーと同様に「英国生まれの米国育ち」、すなわち英国の科学と米国の工業力の結合によって実を結ぶが、英国からの呼びかけに応えた米国のペニシリン開発プロジェクトがマンハッタン計画に匹敵する大規模のものであったことを知る人は少ない。少数の病理学者や微生物学者で量産問題が解決できるはずがなく、多くの有機化学者や物理化学者が加わり、三九の研究所と一〇〇〇人もの科学者が参加するプロジェクトの下で量産が可能となった。

カビの培養によらないでペニシリンが合成できるようになったのは戦後の一九五七年であるが、その立役者となった米国の化学者ジョン・シーハン教授は、戦時下なるがゆえに政府が独占禁止法の規制が緩和したからこそ量産が可能となったのであり、平時ならば民間企業がこれほど研究協力することはありえなかったと述べている。

研究の過程で得られた情報は、科学研究開発局（OSRD）や、その管轄下にある医学研究委員会（CMR）が管理して各企業の共有とされ、また各企業も戦時中だけは研究成果の独占権や特許請求権を「お国のために」放棄した。いずれも平時では考えられないことであり、これらの努力がペニシリンを第二次大戦に間に合わせるのである。

そして政府研究機関、大学、企業の科学者たちの戦時下の協力は、レーダーやコンピューターの開発と同様に基礎科学と応用科学との領域を取り払った。幸いにもペニシリンは救命手段なのでマンハッタン計画や原子爆弾がもたらしたような良心の苦しみに悩まされることはなかったが、象牙の塔で開発に関係した科学者は、機密や利潤といった政治的、倫理的問題に初めて直面する。また米国の製薬業界や薬学界は「平和の配当」ならぬ「戦時下研究の配当」によって半世紀を経た今も、世界の同業者に君臨を続けている。

控え目だった最初の発表

いうまでもなく、ペニシリンは一九二八年、英国の細菌学者アレクサンダー・フレミング博士によって発見された。身体を損なわずに病菌を死滅させる細菌の発見は、昔も今も細菌学の大きな目標である。ロンドンのセント・メアリー病院医学校でブドウ球菌を培養していたフレミングは、培養皿に青カビが落ちて発育し、周囲のブドウ球菌を「溶かして」いるのを見逃さなかった。

このカビを培養して実験すると、ブドウ球菌だけでなく肺炎球菌、流行性髄膜炎菌、ジフテリア菌、炭疽菌といった様々な病原菌にも強い発育阻止作用を示す。そして実験用動物の目にたらしても静脈に注射しても異常はおこらない。フレミングは、この培養液中にある抗菌物質をペニシリンと命名し、内緒で自分の研究室助手の結膜炎を治した「実績」には触れぬまま、翌年の英国実験病理学雑誌に発表する。

この報告は一時的に専門家たちの興味を集めるが、やがて忘れられ、不思議なことにフレミングも実験をやめてしまうと多くのフレミング伝記作家は記している。だが、オックスフォード大学のグウィン・マクファーレン教授のような医学専門家の調査によると、フレミングの医学研究会における講演も論文もつぎのような理由で控え目だった。

血液が共存するとペニシリンは殺菌作用をほとんど失うので臨床使用に限界がある。すべての菌を抑制するのではなく、チフス菌やインフルエンザ菌などには効果がない。この特殊なカビがどこから飛び込んできたのか「出所」も不明のままだから、科学に必要な再現性がない。

だから彼の論文は、多くの種類の細菌が混在する培地から特定の菌を分離培養する試薬としてのペニシリンの有効性には触れたものの、治療への適応はソッと示唆するに止まった。多くの伝記とは異なるが、それ以降もフレミングは局所殺菌剤としてのペニシリンの効果を確認する実験を続ける。ガス壊疽の原因となる嫌気性菌の発育阻止効果も発見し、化膿性外傷の治療にも成功するが、「奇跡の妙薬」とまでは認識していない。注射による全身的な治療薬としては、まったく諦めていた。まさに謙虚の固まりのような発表であり、誇大広告に近い発表が目白押しの最近の学会では想像もできないことである。

ダンケルク撤退の祈りの中で

だがワクチン製造と販売は病院の大きな研究費財源だったから、ペニシリンも早速製造され、菌を分離する試薬として販売された。ちょうどこの頃、肺炎、髄膜炎、丹毒などに強い抗菌作用を示すサルファ剤が発見され、化学療法時代の幕が開く。実態のよく分からないペニシリンの臨床研究は下火となるが、これに再び火をつけるのはオーストラリア出身でオックスフォード大学の若い病理学教授ハワード・フロリーの研究チームである。

サルファ剤の限界や危険性を指摘し、自然界に存在する抗菌物質を探していたフロリーが研究対象として三種の抗菌物質を選んだのは一九三八年の夏である。その一つがペニシリンであった。フレミングチームと同じ実験をフロリーチームも最初からやり直すことになるが、その潜在的な重要性は十分認識された。研究資金の枯渇と英国がドイツに宣戦布告する時局に鑑み、フロリーは病理部の全資材と人員をペニシリンに賭けようと決意する。

だが後世の人々が想像するような、「戦争がペニシリンの開発を推進する」空気は微塵もなく、大学も医学研究振興会も関心を寄せない。その苦境を救ったのは米国のロックフェラー財団からの巨額な助成金であった。三年間の申請であったが助成は五年間続く。すべての物資が配給制となる窮屈な戦時下で研究は順調に進んだ。

まず濃度の指標が確立され、「ペニシリン単位」が定義された。連続抽出装置の考案で研究に十分なペニシリンが供給できるようになると、つぎは注射されたペニシリンの血液濃度が低下する前に治療効果を挙げる投薬方法の研究だ。ダンケルクへ追い詰められた陸軍兵士の救出に全英国民が祈りを捧げる一九四〇年五月の日曜日、実験室に集まった研究チームは奇跡を感じた。治療を施したマウスは全部正常で、施さないマウスは全部死んでいたのだ。

ダンケルクからの「奇跡の撤退」が続く中、マウス実験は繰り返され再現性を実証した。その成果は英本土防空戦の始まった八月の学会誌に「化学療法剤としてのペニシリン」と題して発表される。だが臨床実験に進むにはマウスより三ケタ多い投与量、すなわち大量の実験生産が必要だが、薬品の製造で手が一杯の製薬会社はどこも応じてくれない。ついにフロリーは、学問の府を工場に替えて臨床実験へ進む。六人の患者を数日間治療する量を満たすのに、七人の医者と一〇人の技術助手が数ヵ月間ほとんど毎日働くという重労働を英本土防空戦の中で続ける。

臨床実験について今日ほどの厳格な手続きや規制がなかったのはフロリーにとって幸いだったし、モルモットの実験を経てから人体へ……というプロセスを採らなかったのも幸いした。あとで分かったことであるが、ペニシリンはモルモットには毒性を持っているから、もし試みていたら即座に研究は中止されていたであろう。

だが臨床実験でも最初は失敗した。まず最初は乳ガンで危篤状態の女性に投与されたが、患者は一時間以内に高熱を出し薬効は見られない。そこでペニシリン培養液を調べると、なんとこれに毒性があるではないか。これはペニシリン自体の毒性ではなく培養液に残存する不純物によるものと見抜いたフロリーは、クロマトグラフィーで培養液を精製して二番目の被験者を探す。

つぎの被験者はバラの刈り込みで口もとを傷つけた警察官で、そこから連鎖球菌とブドウ球菌に感染して身体中が化膿し、フロリーが診たときは、もう虫の息だった。一九四一年二月、この患者はペニシリン投与によって驚くほど回復したが、全快させるだけの薬量がなくて死亡させるという悔しさを味わうことになる。そこでフロリーは、被験者を投与が少なくてすむ子供に切り換える。

三番目の被験者は、やはりブドウ球菌で顔面が腫れ上がった幼児で、高熱が続き食欲もなく死を待つばかりだった。だが数日間の投与で見る見る回復したが突然、発作を起こして死亡する。だが検死の結果、これはブドウ球菌が脳血管を冒したための発作と判明し、ペニシリンの強力な薬効は認められた。

この後、フロリーは一〇件の臨床実験に成功し、それを学会誌に発表する。だが医学界以外の人々が「生命を救う驚異のカビ」を知るのは『タイム』の報道によってである。しかし「抽出が困難でコストがかかるので、もっと安い製造法か合成法ができるまでは重病患者にしか投与できないだろう」というコメントまで付いていた。

昭和21年、ペニシリンの量産研究を行なう東大研究室。ペニシリンの恩恵は敗戦国にも及び、日本の2社に量産が許された。

一九四一年七月、フロリーはロックフェラー財団から送られた五〇〇〇ドルの旅費のお陰で共同研究者の細菌学者ヒートリーと一緒に渡米し、多額の設備投資を必要とする量産のための研究に応じる製薬会社を探して必死で米国内を遊説の旅に出た。フロリーたちの呼びかけに応えて米国製薬界は直ちに立ち上がったと記す文献は少なくない。また「英国人だけが基礎研究で先行し、われわれ米国人は、それを実験室規模から工業的規模にスケールアップしたにすぎないというのは、とんでもない見方で、米国でも基礎研究は行なわれていた」とする主張も見られる。だが最初の反応は冷たかったと記す英国側に多い記録がやはり正しいようである。

　のちにペニシリン量産研究の頼もしい協力者となるジョン・フルトン、イェール大学医学部教授は、連邦政府研究協議会（NRC）議長のロス・G・ハリソンに後日、つぎのような率直な書簡を送っている。「フロリーが訪米したとき、われわれの多くは彼を馬鹿にしていました。私の知る限りではペニシリンの将来性を見通していたのは貴方だけでした。それまで彼の研究資金を提供してきたロックフェラー財団でも、今回の旅行資金の援助は馬鹿げているといわれていましたが、今ではようやく、彼らもペニシリンの価値に気づいたのではないでしょうか」

「お国のために」結束した官学民

この渡米の時期もフロリーたちには幸運だった。彼らの渡米寸前の六月、ドイツおよび日本との戦いを決意したルーズベルト大統領は科学研究開発局（OSRD）を設置し、局長にヴァニーヴァ・ブッシュを任命した。人的動員も産業動員も開戦した後でないと実施するのは難しい。だが科学者を動員する体制だけは先行して確立しておかねばならない。為政者のこのような姿勢は日本と大違いであり、最終的にはレーダーやペニシリンを間に合わせるのだが、大統領と局長は、物理屋や化学屋だけでなく医学関係者の統合組織化も忘れなかった。OSRDの下に医学研究委員会（CMR）を設立し、早速七月三十一日に初会議を開催する。日本にも数え切れないほどの内閣や各省庁の諮問委員会があるが、その顔ぶれは売れっ子で多忙な学者や著名人であることが多く、往々にして運営は事務局まかせとなる。

ところがCMRの七人の侍は、大学や陸海軍医療局、公衆衛生局から選ばれていたが、連邦政府研究評議会（ＮＲＣ）で活躍してきた実績があり、ワシントンの官僚とも顔馴染みだし、大きな組織をつくったり効率よく運営するコツを知っていた。いつの時代にも政府からポンと提供される高額の予算は全国の研究者を惹きつけるものだが、医学という応用科学の研究者といえども自分たちの興味に基づく研究に走りがちであり、一方、軍の方は軍事作戦に役立つ実用的な医学研究を求める。その調節が委員たちの最も重要な仕事だった。

そこで委員会は、近代戦で求められる医学研究とは何かを周知徹底させるため、前大戦での軍事医療の実例から調査した。戦場におけるサルファ剤の効率的な使用法、悲惨な火傷の治療法、マラリアや熱帯病の治療法等々である。問題は、ペニシリン研究をどう位置づけるかであった。薬効は素晴らしいが大量に抽出できないし、その抗生作用も酸や塩基、酸化剤などで次第に失われていくことが分かってきた。取り扱いにくい物質である。

ＣＭＲ委員長Ａ・ニュートン・リチャーズは慎重派だったが、ＣＭＲとしてはペニシリン研究の推進を支持した。ＣＭＲの第一年目の全予算一六〇万ドルのうち、一九四二年二月十五日までにペニシリン研究に支出されたのはわずか八二五〇ドルで、これはイリノイ州ペオリア市にある農商務省所属の北部地帯研究所（ＮＲＲＬ）に天然発酵法研究のため与えられた研究費である。

しかし研究費の方は雪ダルマ式に増え続け、最終的には一三三の大学、研究財団、企業の研究所へ六〇〇もの委託研究が発注され総支出額は約二四〇〇万ドルに達したと推定されるが、もっと多いと見る人もある。ＣＭＲの研究管理は、公益と企業の利益のバランス、情報の公平な分配、連合国政府代表との交渉と多岐にわたり、マンハッタン計画の管理よりも複雑だった。ＣＭＲの決定は今日にも教訓となるものである。

すなわち天然発酵法によるペニシリンの製造は企業の研究所に任せ、化学構造の究明や合成の可能性を探求する研究はＯＳＲＤの統制下においた。いつになったら報われるか分からない合成法の研究は企業に強制せず、すぐに量産の見返りがくる研究への誘導である。

そして国家予算も加えて行なった企業の研究がペニシリン製造に関して特許が得られるように取り計らい、また公的な非営利団体や国の研究機関からの報告を関係企業に公開する代わりに、企業の特許請求を放棄もさせる。非営利団体や国の研究機関の研究者にも、成果があっても個人的には報いることができないのを納得させた。戦時という非常事態による「お国のために」の心が関係者にあったお陰で研究者や企業の協調ができたのである。個人的な名誉心や金儲けが優先する我利我利亡者ばかりの平時なら絶対に不可能だったのも事実だが、「お国のために」を旗印として説得に飛び回ったＣＭＲの働きがなければ、戦時というだけでは開発は不可能であった。

これに加えて一九四二年からは、英国との情報交換が外交ルートで開始される。前年の科学使節、フロリーとヒートリーの訪米の際に敷かれた路線によるものだ。だが両国が太平洋を越えて交換する資料は、どちらからのも「極秘」のスタンプがベタベタ押され、秘に束縛されるのが大嫌いな研究者たちを立腹させる。だがそれを宥めて回り、学者先生を何とか従わせたのもＣＭＲだった。

火事のお陰で大量に臨床実験

余剰農産物をただ燃やしてしまうのでなく、何か有用なものに転用する研究のためイリノイ州の田舎に設立された北部地帯研究所は、英国の科学使節の訪問を受けてハッスルした結果、科学史に残る栄誉を受ける。ここではビール発酵のような深部培養法の高度な技術を持ち、発酵培養液について優れた研究を進めていた。オックスフォード大学での仕事が待つフロリーが帰国したあと、ヒートリーは翌年までここに留まり共同研究を行なった。

コーンスターチ生産時の副産物であるコーン・スティープ液に中和剤を添加して、液が酸性にならないよう調整して菌を効率良く繁殖させる条件を数週間で発見する。市場にだぶつくポンド当たり四セントのコーン・スティープ液が翌年早春には二八セントに高騰したという。おまけに終戦まで戦時必需物資となり価格も統制される。その特効成分フェニル酢酸を、もっと安く化学的に造ることもできたのに……。

動物試験によってペニシリンの臨床効果を多数の研究者が確認中だった一九四二年十一月、ボストンに大火災が発生し、多数の火傷患者にメルク社などの大手各社で量産に移りかけたペニシリンが放出され、臨床応用する機会に恵まれた。ナイトクラブ「ココナッツ・グローヴ」の火事で一五〇〇人の客のうち三分の一弱が死亡したが、この新薬が使用されなかったら、もっと多数が死んだであろうと伝えられる。もっともCMRはその新治療法の秘密を保つのに大わらわだった。先述のジョン・フルトンの書簡が送られたのはこの時期である。

量産の方も一九四三年一月までの生産総量が一億単位に過ぎなかったのに、十二月には月産九億九四〇〇万単位に向上し、翌年五月、すなわちノルマンディー上陸作戦の一ヵ月前には四〇〇億単位となったと伝える資料がある。緊急の場合には患者一人に六〇万単位の注射を三回行なうのが標準的な治療とされたから、この五月の月産量だけで約二万人の兵士の治療が可能となったわけである。一方、Dデーの頃の月産量は四万人分、つまり上陸する連合軍の戦傷者全員の治療に十分な量に達したという記述もあり、いずれも一貫している。

その後は二一の会社が量産に励んだ結果、月産総額は二〇〇兆単位、すなわち一億人の治療が可能という天文学的数値に達した。製品一ミリグラムを一六五〇単位とすると月産量は約一四〇キログラム、日産量は約五キログラムである。価格も最初は一〇万単位、すなわち最小限の治療に必要な量の二〇分の一が二〇ドルもしたのに、一九四四年末には二・二五ドルに低下したという。それでも一人の治療に四五ドルのコストを要することになる。価格的にも貴重な新薬であった。

それもそのはず、一九五七年にシーハン博士がペニシリン合成法を開発するまでは、菌を繁殖させて入手する天然ペニシリン、あるいは生物合成ペニシリンしか利用できなかったからである。天然ペニシリンの代表的な薬剤はペニシリンG（略号PCG）であり、胃液中の酸で分解されるため経口投与できなかったが、一九四八年になると経口投与可能なペニシリンV（PCV）が生物合成されて普及していく。続いてフェネチシリン（PEPC）、プロピシリン（PPPC）、メチシリン（DMPPC）といった合成ペニシリンが登場し、より幅広い抗菌性を発揮する（表29）。

こうして日本のガダルカナル撤退の頃、ようやく動き出した米国得意の量産システムは、ノルマンディー上陸作戦やマリアナ海戦の頃には十分な量を戦場に送り出す。マグネトロン

表29　ペニシリン系の主な抗菌性

病原体／薬剤	グラム陽性菌							グラム陰性菌											放射菌	スピロヘータ	
	球菌			桿菌				球菌		桿菌											
	ブドウ球菌	レンサ球菌	肺炎球菌	ジフテリア菌	炭疽菌	ウェルシュ菌	破傷風菌	淋菌	髄膜炎菌	肺炎桿菌	大腸菌	赤痢菌	チフス菌	コレラ菌	プロテウス菌	インフルエンザ菌	百日咳菌	緑膿菌		梅毒トレポネーマ	ワイル病レプトスピラ
PCG	■	■	■	■	■	■	■	■	■										■		■
PCV	■	■	■	■	■	■	■	■	■										■		
PEPC	■	■	■	■	■	■	■	■	■											■	
PPPC	■	■	■	■	■	■	■	■	■												
DMPPC	■	■	■	■	■	■	■	■	■												
MPIPC	■	■	■	■	■	■	■	■	■											■	
MCIPC	■	■	■	■	■	■	■	■	■												
MDIPC	■	■	■	■	■	■	■	■	■											■	
MFIPC	■	■	■	■	■	■	■	■	■												
ABPC	■	■	■	■	■	■	■	■	■	■	■	■	■	■	■	■	■		■	■	■
IPABPC	■	■	■	■	■	■	■	■	■	■	■	■	■	■	■	■	■			■	■
TAPC	■	■	■	■	■	■	■	■	■	■	■	■	■	■	■	■	■			■	■
AMPC	■	■	■	■	■	■	■	■	■	■	■	■	■	■	■	■	■		■	■	■
NFPC	■	■	■	■	■	■	■	■	■	■	■	■	■	■	■	■	■		■	■	■
ACPC	■	■	■	■	■	■	■	■	■		■	■	■	■						■	■
CBPC	■	■	■	■	■	■	■	■	■	■	■	■	■	■	■	■		■		■	■

（注）■印は抗菌性の認められるもの。

と同様、英国の知恵に米国の工業力が加わって「間に合った薬」を造り出したのだ。その一年前のシシリー島上陸作戦でも戦傷者よりも多かった淋病患者がその恩恵を受け、米国の軍医たちは「こんな不道徳的なヤツらのために、この貴重な稀薬を使うなんて……」と嘆いたという。そしてサルファ剤で肺炎から救われたチャーチルも、ペニシリンで救われたという伝説で覆われてしまうのである。

おわりに

第二次大戦終結五〇周年を迎える今、連合国が枢軸国を圧倒できたのは兵器の量的な優勢によるもので、質的にはドイツや日本（とくに海軍）は連合国を凌駕していたと信仰（?）する若い世代が現われるようになった。もちろん、連合国が質量ともに圧倒していて勝敗は最初から明らかであったと説く常識論の方が多数であるが、質量ともに優勢な側が脆くも敗れ去った事例が歴史上も少なくないことや、第二次大戦の行方も米国が参戦するまでは混沌としていたことを知る人は減る一方である。

米国参戦まで必死で孤塁を守り抜いた英国を救ったのは、ダンケルク撤退の際にドイツ指導者がしめしたような誤謬と「間に合った兵器」であった。だが連合国側に「間に合った兵器」が多いからといって、いつも連合国の技術や兵器の質がよかったわけでもなく、また連合軍側が資金や時間に余裕を持っていたわけではない。少数の人物やグループによる必死の開発努力、あるいは量を確保するための懸命な説得があったからこそ「間に合った」のである。

だが「間に合った」という定義は案外難しい。日本やドイツの新兵器を描いた物語には、ともかく敗戦までにお目見えしたというだけで、この扱いを受けているものがある。だがプロトタイプ程度がフワッと飛んだ程度では、相手がド肝を抜かれて「恐れ入りました」と降伏でもしないかぎり、「間に合った兵器」といえないのは明らかであろう。

ところが間に合わなかったのは技術者だけではなく、往々にして早目に開発を求めなかった運用者、あるいはそれを許可しなかった為政者の責任であることが多いのに、技術屋が泥を被ることが多い。いわんや先行する運用研究が間違っていたために、せっかく開発したものが役立たずになるというのは、完全に運用者の責任といえよう。「世界の三馬鹿、無用の長物――万里の長城、ピラミッド、大和」と出撃前の乗組員さえもが嘆いた戦艦「大和」などは、その典型例である。貧乏国日本の貴重な資源と人材を多量に飲み込んだ結果、時代遅れの複葉戦闘機グラディエイターの開発よりも周囲に与えた負の影響は大きいのではなかろうか。

皮肉なことに、設計時点と誕生時点でニーズが大きく変化した「大和」は、存在自体が邪魔扱いされる。そもそも日本海軍がジリ貧を避けて日米開戦を決断したのは、石油備蓄量の減少だった。ミッドウェー海戦には連合艦隊旗艦として後方から戦闘部隊に追随した「大和」も、駆逐艦三〇隻分の重油を消費するため、フィリピン沖海戦で念願の艦砲射撃を実施するまでトラック島か呉で蟄居を続ける運命となる。

その間、駆逐艦の方は、間に合わなかった輸送艦に代わって「東京急行」に従事したり、油槽船を護衛したりの大活躍で何隻あっても足りない状態だった。まさに「大和」は、日本造船技術の結晶であるとともに、その運用構想の矛盾を一身に引き受けた悲劇の王者だった。

本稿で取り上げたのは、逆にうまく間に合った方の例であるが、成功のうらには優れた運用研究と目的の明確化があった。ハリケーンは、やや野暮ったくても生産性と整備性の高さが決め手であり、隼は軽武装と無装甲に甘んじても足を長くしたのが予想どおり役に立った。隼や零戦の不幸は、後継機種が育たないため、あるいはカタログ性能としては育っていても信頼性と生産性では比較にならないため最後まで酷使されたことにある。

あえて教訓を今の日本に引き出すとすれば、著者は三つの事項に着目したい。一つは、繰り返して記述してきたことだが、先行性ある運用研究である。政治の場で防衛が特殊な環境に置かれている日本においては、究極の運用研究は法規の整備であろう。遠く一九七八年に、著者の上司であった栗栖弘臣統合幕僚会議議長が、「有事の際、自衛隊は指揮官の責任で超法規的に行動しない限り防衛の任務が全うできない」と世に提起した、いわゆる「超法規問題」は根本的に解決されないまま今日に至っている。

阪神大震災の衝撃によって、遅まきながら災害対処における自衛隊の役割だけは明確になったが、防衛行動における権限委譲や「どのように」という要領は不明のままである。これも阪神大震災のように数千人、いや、それ以上の犠牲者が出ないと決断できないのであれば、こんな不幸な国家は例がないのではなかろうか。

二つ目は、昨日のヒーローが今日の窓際族となるのは人も技術も時の常である。奇跡の薬ペニシリンも、ペニシリン・ショックで著名な医学者が亡くなったり、抗生物質が効かない菌が現われたりでオールマイティーではなくなったし、一九四四年には日本の空を蹂躙したB29も、朝鮮戦争の勃発した一九五〇年に鴨緑江上空へミグ15ジェット戦闘機が姿を現わすと、もう後方でしか飛べなくなった。

三つ目は、民需技術が軍事技術に匹敵するほど向上してきた今日、米海兵隊が民需品を改良して上陸用舟艇を装備化したような軽易な開発は、ますます多くなるだろう。これは長期間かけて開発したら陳腐化していたという危険を避ける一つの手段でもある。

民需品を改良するどころか、そのまま使用した例もある。湾岸戦争の際、米軍は装備品のGPS（全地球測位システム）受信機が足りないので民需仕様のGPSを大量に緊急調達し、また将兵も本国の家族から送ってもらった私物を戦闘車両や航空機にさえ持ち込んだ。民需用だから測位精度も好条件で約四〇メートル、最悪の条件では約一〇〇メートルに劣化するが、砂丘の続く湾岸戦線では大助かりである。

英軍はもちろんのこと、なるべく米国ブランドの器材を避けるフランス軍さえも米国製GPS受信機を大量に調達した。あの迷いやすい砂漠の戦いで、よそもの同士の多国籍軍に「迷子」や同士討ちが非常に少なかったのは、この知られざる「間に合った民需品」のおかげであった。

電子装備を除けば兵器の専門的な知識に乏しい著者が、様々な技術を大雑把ながらも記すことができたのは次の多くの方々のご指導とご支援のお陰である。まず戦車技術については、各々官と民において七四式戦車と九〇式戦車の開発に尽くされた中富逸郎氏（元防衛庁技術研究本部陸上開発官）と林磐男氏（元三菱重工特殊車両部長）にいろいろご指導頂いた。

幼児期に見た映画『燃ゆる大空』以外には戦時中の日本の航空機の想い出を持たない著者には、もし人選の変更がなかったら艦爆彗星のテスト飛行で殉職するところだったという高仲顕氏（中部産業連盟副会長）、零戦ならぬ十二試艦戦の座席に座った数少ない体験者である多賀谷吉夫氏（元国際連合本部総務局長）、中島飛行機について生き字引の鳥養鶴雄氏（富士エアロスペース技術顧問）の体験談やコメントは、どんな文献にも替え難い貴重なものだった。航空機技術全般については、かつて初代の防衛庁技術研究本部ＦＳＸ準備室長を務めた畏友、山田秀次郎氏の指導に負うところが多い。

ペニシリン量産の資料については陸上自衛隊衛生補給処副処長、瀧健治一等陸佐のご尽力で完備することができた。また日本で技術戦史を講じる恐らく唯一つの教育機関である防衛大学校防衛学教室の杉浦敏夫教授は、本書の刊行を強く勧めて下さった。

第四章の上陸用舟艇に関する記述は、学習研究社発行の「歴史群像」太平洋戦史シリーズ第八巻「マリアナ沖海戦」に、第五章のレーダーに関する記述は同じく第五巻「ソロモン海戦」に、同章のペニシリンに関する記述は同じく第七巻「ラバウル航空戦」に掲載した研究を、それぞれ加筆・修正したものである。同シリーズ発行人の太田雅男氏のご好意に改めて感謝したい。

資料利用については、防衛研究所戦史部長辻川健二氏、所員北沢法隆氏および図書館職員の皆さんには変わらぬご厚意とご支援を頂いた。また単に蔵書数を誇るのではなく「調べものをする大人の図書館」として有名な浦安市図書館では、プロのライブラリアンならではのご支援をたびたび頂いた。そして東洋経済新報社出版局の内海健雄氏は、つぎつぎと新資料が見つかるため題名とは逆に「期日に間に合わなかった」本書の刊行を辛抱強く待って下さった。これらの方々のご厚意とご尽力に改めて御礼申し上げる次第である。

最後に私事ではあるが、著者の父、故徳田冨二について記させて頂きたい。父は一九一九年に三菱合資会社へ入社し、一九四七年の財閥解体で退社するまで主として三菱商事機械部で勤務した。当然、自動車や航空機の輸入や技術導入にも携わる。著者に航空機や工作機械が模倣の国産技術から自立の国産技術へ発展する過程に興味を抱かせたのは、父が生前語ってくれた数々のエピソードだった。

後に海軍軍令部次長となる大西瀧治郎氏とは遠縁であり旧制中学校の同期生でもあった。三十代、四十代は誰しも人生で最も多忙な時期なのに二人は丸ノ内や霞ヶ浦で実によく会っている。大西中尉は、上陸してせっかくの休暇なのに、まだ大学生だった父のいる京都、百万遍の下宿へ泊まりに来て政治について激論を交わす親しい仲だった。一九四二年に抑留者交換船でインドから父が帰国したときも直ぐに会いにきている。だが、郷友という関係だけではなく、仕事の上で会う必要性も双方にあったのかも知れない。

このような環境にいたので、メーカーの一員ではなかったが、父は当時の技術を少し離れたところから知る立場にあった。本人の推察だったのか大西氏が述べた所見なのか正確に識別しなかったのが悔やまれるが、断片的に聞いた話を合成すると、華々しい技術自立計画もなかなかうまくいかず、実際には導入技術で手直ししないとどうにもならないという現実が浮かび上がってくる。

これは職務上の機密ではないので繰り返して語ってくれたのが、明治維新から半世紀以上たってもまったく変わらない「世界の田舎者」日本人の姿である。陸海軍やメーカーはもちろんのこと、国際化の先端を行くはずの商社も、ニューヨークに八年勤務した厳しい目で見ると落第だった。外国人技師の招聘に関しては重工へ配属された友人がたびたび鋭い毒舌の犠牲になったらしい。

もう一つ父から譲られた興味の対象は、戦時下の英国社会の断面だった。欧州大戦（と当時は表現した）の勃発とともにシンガポール支店長として赴任し、日英開戦で英官憲に拘束されるまで当地から「まやかしの戦争」や英本土防空戦における民衆の動向を冷静にモニターしていた。父の見解には必ずしも同意するものではなかったが、本書を著すきっかけの一つを与えてくれた亡き父に改めて敬意と感謝を捧げたい。

一九九五年八月

著　者

文庫版のあとがき

「間に合わなかった兵器」に続いて本書を東洋経済新報社から上梓した際も、多くの読者から お便りを頂いた。それらは「フランスがドイツよりも自動車や飛行機の先進国だとは思わなかった」「英国は挙国一致でドイツと闘ったと聞いていたが、こんな裏面があったのか」と、本書の内容と同様、多岐にわたったが、「上陸用舟艇開発の意義を再認識した」「あのアリゲーターが民需品活用で誕生したとは知らなかった」と第四章の上陸用舟艇に関するものも少なくなかった。日本側の舟艇開発は「遅すぎた和製LST」として簡単に紹介するに留めたが、それがご縁で世界初の上陸用舟艇母船「神州丸」の研究家やレイテ島西海岸へ逆上陸して散った伊東部隊の戦跡を追い続ける方々の知遇も得ることになった。

だが本書で著者がもっとも訴えたかったのは、新しい兵器もしくは製品が開発される際に成功の決め手となるのは新技術だけでなく、運用者(ユーザー)の要求をどうまとめるかのコンセプトにあるということだった。ペニシリンなどは、新技術が開発されないとどうにもならなかったが、第二次大戦の二〇年も前から登場していた戦車や戦闘機による軍事革新

（イノベーション）の場合には、もっと重要なのはコンセプトの開発であった。本書を上梓した翌年の一九九六年、それに焦点を合わせた良書が出版された。米海兵隊大学で軍事理論の教鞭を取ってきたウィリアムソン・マーリーとオハイオ大学の戦史教授アラン・ミレーの共著「戦間期の軍事イノベーション」である。

著者は、第一次大戦と第二次大戦の間の戦間期に登場した七つの画期的な軍事イノベーション、すなわち機甲戦、強襲上陸、戦略爆撃、近接航空支援、空母による機動作戦、潜水艦による通商破壊戦、通信・レーダー戦を分析し、それらの中で新技術の登場を待たざるを得なかったのは通信・レーダー戦だけで、他の六つは既存技術改良によるニーズ先行型イノベーションであったことを強調する。そして各項目ごとに先駆者として努力した三つの国が取り上げられ、強襲上陸では英米の海軍・海兵隊と並んで日本陸軍の、空母では米英海軍と並んで日本海軍の努力が紹介されている。一九四二年後半までまともに戦車を搭載できる舟艇を開発できなかった英国を著者はこき下ろし、早くも一九三〇年に戦車搭載可能な大発を開発・装備し、一九三七年の上海上陸作戦で米英武官を驚嘆させる「神州丸」を建造した日本のイノベーターには深い敬意を払っている。

だが日英は共通の弱点を持っていた。強襲上陸を任務とする強い組織が存在しなかった。帝国陸軍輸送部は、しょせん輸送屋に過ぎず、英国の理論家や研究者は上陸作戦について素晴らしいアイディアは出すものの組織的な後ろ盾がなかった。依然として陸軍は陸上での、海軍は海上での戦いを主任務と考え、上陸作戦を一時的、付随的な作戦と見ていた。米英日はいずれも海洋国家であり、上陸作戦とまじめに取り組んだ例外的な国であったが、たとえ小さくても、それを主任務とする海兵隊という組織を持っていたのは米国だけであった。米国の上陸用トラクター開発を快挙と認めながらも、米国だけが成功した理由は、この開発だけではなく海兵隊という中核組織の存在にあったと著者は見ている。英国にも伝統を誇る海兵隊はあったが上陸作戦のリーダーシップを取ろうとはしなかった。

軍事イノベーションには、関係者の努力や新技術だけでなくそれに伴った組織改革が必要なことを著者は各章で力説するが、歴史的に見ても技術的なイノベーションは必ず軍組織の改革を惹き起こしてきた。その際、既存のどの組織も侵さずに新組織が誕生するなら問題はないが、どこかの権限が削られるとなると「抵抗勢力」となって組織改革を阻止しようとする。現代の「構造改革」にも通じる姿である。旧帝国陸軍においても同様であり、本書第三章で描いた日本の陸上航空の台頭においても、「間に合わなかった兵器」第一章で記した戦車部隊編成においても同様の抵抗が生じたが、未だ貧しい開発途上国でありながら、巨額の経費を要する新組織が何とか離陸できたのは驚嘆すべきことであろう。「洋風で合理主義、開戦に抵抗した海軍」に対して「和風で精神主義、国民を戦争に追いやった陸軍」というワンパターンのイメージが一部の、いや多くの国民に定着しているが、貧乏国だった昭和初期に上層部や財政当局を説得し、あれだけの航空戦力を急速に整備した陸軍の努力はもっと評価されてよいのではないだろうか。

一九九五年頃から米国の軍事戦略家の間で叫ばれ始めたのが非対称戦、すなわち世界最強の米軍と同じ戦法、兵器体系ではなく、米軍の弱点を突くような戦法と兵器体系を駆使する敵への備えである。サイバー戦やテロリズム、とくに生物・化学兵器散布や自己犠牲を厭わない体当たりテロが憂慮され、その予見の正しさは二〇〇一年九月十一日、米国中枢テロで実証された。実は第二次大戦においても、連合国軍と同じ戦法、兵器体系で長期戦となれば到底かなわないドイツと日本は、様々な非対称戦を展開している。ドイツの生み出した電撃戦法や帝国陸軍の高速・長距離偵察機がそれであったし、防御力や格闘性を犠牲にして二〇〇〇キロもの航続距離を求めた軽戦「隼」もその一つである。そして「日本が後世に誇れる兵器はこれだ」ではなく、ギリギリで間に合い、そして戦局を変えたという観点から選ぶとどうしても「隼」になるのであるが、技術革新が組織改革も含めて大きな軍事革新をもたらした事例としても「隼」誕生の背景を取り上げたのは最適であったと思う。

したがって光人社編集部の藤井利郎氏よりNF文庫収録のお話を頂いた際も、手直しすることなく原作のままの原稿をお渡しした。情報技術革新に基づく軍事イノベーション（RMA）の在り方について論戦が続く今日、少しでも多くの読者に半世紀以上前の軍事イノベーションに取り組んだ先人の苦悩と努力を知って頂ければ望外の歓びである。

二〇〇二年新春

徳田八郎衛

参考文献

第一章関連（電撃戦）

＊金子常規『兵器と戦術の世界史』原書房＊木俣滋郎『世界戦車戦史』図書出版社＊GP企画センター『グランプリ自動車用語辞典』グランプリ出版＊鈴木孝『エンジンのロマン』プレジデント社＊田中重弘『西ドイツ車はなぜ世界一か』講談社＊レン・デイトン／喜多迅鷹訳『電撃戦』早川書房（原典：Len Deighton, *Brizkrieg*, Pluriform Publishing, 1979）＊林盤男『タンクテクノロジー』山海堂＊ニッパツ・日本発条㈱編『ばね（第3版）』丸善＊D・マコーレイ／歌崎秀志訳『道具と機械の本』岩波書店＊W・マンチェスター著、鈴木主悦訳『クルップの歴史（上・下）』フジ出版（原典：William Manchester, *The Arms of Krupp*, Harold Maston, 1964）＊薬師寺泰蔵『テクノデタント』PHP

第二章および第三章関連（航空機）

＊秋本実『日本軍用機航空戦全史№1　開発前夜の荒鷲たち』グリーンアロー出版＊秋本実『日本軍用機航空戦全史№2　南方作戦の銀翼たち』グリーンアロー出版＊秋山紋次郎、三田村啓『陸軍航空史』原書房＊安東亜音人『帝国陸海軍軍用機ガイド』新紀元社＊安藤成雄『日本陸軍機の計画物語』航空ジャーナル＊碇義朗『海軍空技廠（上・下）』光人社＊木俣滋郎『陸軍航空隊全史』朝日ソノラマ＊木村秀政監修『航空機　第二次大戦（1・2）』小学館＊木村秀政監修『航空宇宙辞典』地人書館＊R・グリンセル／光藤亘訳『メッサーシュミットBf109』河出書房新社＊R・コリアー著、内藤一郎訳『空軍大戦略』早川書房（原典：Richard Collier, *Eagle Day: The Battle of Britain*, Curtis Brown Ltd., 1966）＊航空問題研究会『絵でみる航空用語集』産業図書＊高木惣吉『太平洋海戦史』岩波新書＊高橋泰隆『中島飛行機の研究』日本経済評論社＊高橋裕『現代日本土木史』彰風社＊高仲顕『零戦のマネジメント』日刊工業新聞社＊高仲顕『艦爆彗星について』（私信）＊多加谷吉夫『日本航空工業の模倣と自立』（私信）＊田中耕二ほか『日本陸軍航空秘話』原書房＊鳥養鶴雄『日本戦闘機の航続力について』（私信）＊野沢正『日本航空機総集：中島編』出版協同社＊秦郁彦『第二次大戦航空史秘話（上・中・下）』光風社＊原田暻『自衛隊けいざい学』光人社＊林克也『日本軍事技術史』青木書店＊堀越二郎・奥宮正武『零戦』朝日ソノラマ＊R・ハウ、D・リチャーズ／河合裕訳『バトル・オブ・ブリテン』新潮文庫（原典：Rechard Haugh & Denis Richards, *The Battle of Britain*, William Morris Agency, 1989）＊W・マーレイ著、手島尚訳『ドイツ空軍全史』朝日ソノラマ＊前間孝則『富嶽』講談社＊松岡久光『みつびし飛行機

物語』アテネ書房＊山崎正男『陸軍士官学校』秋元書房＊C. Bekker, *The Luftwaffe War Diaries,* Da Capo Press, 1994（German language ed. 1964）＊W. J. Boyne, *Clash of Wings,* Simon & Shuster, 1994.＊D. L. Caldwell, *JG26: Top Guns of the Lufwaffe,* Ivy Books, 1991.＊C. Shores & B. Cull, *Malta: The Hurricane Years 1940-1941,* Crub Street, 1987.＊『設計者の証言（上・下）』酣燈社＊『戦闘機ＷＷⅡ』（『航空情報』一九七二年十月臨時増刊号）＊『零戦：軍用機メカ・シリーズ5』光人社＊「日本の測量・歴史人物伝No.5　鉄道技術を世界へと導いた井上勝」『測量』一九九五年六月号

第四章関連（上陸用舟艇）

＊木俣滋郎『日本海防艦戦史』図書出版社＊木俣滋郎『日本水雷戦史』図書出版社＊塩山策一「強襲揚陸艦神州丸始末記」『丸』一九七七年六月号＊C・W・ニミッツ、E・B・ポッター著、実松譲、富永謙吾訳『ニミッツの太平洋海戦史』恒文社（原典：Elmer B. Potter & Chester W. Nimitz, *The Great Sea War,* Prentice Hall, 1960）＊日本兵器工業会『陸戦兵器総覧』図書出版社＊福田誠『太平洋戦争海戦ガイド』新紀元社＊ドナルド・マッキンタイア／関野英夫、福島勉訳『海戦：連合軍対ヒトラー』早川書房（原典：Donald Macintyre, *The Naval against Hitler,* B. T. Batsford, 1971）＊エドワード・ミラー著、沢田博訳『オレンジ計画』新潮社（原典：Edward Miller, *War Plan Orange, The U. S. Strategy to Defeat Japan, 1897-1945,* U. S. Naval Institute, 1991）＊K. J. Clifford, *Progress and Purpose: A Development History of the United States Marine Corps 1900-1970,* U. S. GPO, 1973＊A. Vagts, *Landing Operations,* Military Service Publishing, 1952＊『写真日本の軍艦13　小艦艇1』光人社

第五章関連（レーダー／ペニシリン）

〔レーダー〕

＊木俣滋郎『日本潜水艦戦史』図書出版＊酒井三千生「艦載レーダー発達史」『世界の艦船』一九七六年九月号＊徳田八郎衛『間に合わなかった兵器』東洋経済新報社＊R・ミュレンハイム／佐和誠訳『巨大戦艦ビスマルク』早川書房（原典：Rechberg Mullenheim, *Battleship Bismarck,* U. S. Naval Institute, 1980）＊Stefan Terzibaschitsch, *Aircraft Carriers of U. S. Navy,* Mayflower Books, 1978.＊R. Burns, *Radar Development to 1945,* Peter peregrinus, 1988＊J. D. Crabtree, *On Air Defense,* Praeger Publishers, 1993＊Mario de Arcangelis, *Electronic Warfare,* Blandford Press, 1985＊『第2次大戦のアメリカ軍艦』（『世界の艦船』一九八

四年六月臨時増刊号）＊「盗聴疑惑：日豪で情報戦？」『読売新聞』一九九五年六月三日

〔ペニシリン〕

＊赤木満州男、他監修『薬学大事典』日本工業技術連盟＊上田泰、清水喜八郎『化学療法ハンドブック』永井書店＊植手鉄男『抗生物質――選択と臨床の実際』医薬ジャーナル社＊ジョン・シーハン著、往田俊雄訳『ペニシリン開発秘話』草思社＊清水喜八郎・紺野昌俊『新・抗生物質の使い方』医学書院＊長尾五一『戦争と栄養』西田書店＊G・マクファーレン著、北村二朗訳『奇跡の薬』平凡社＊山崎幹夫『薬の話』中公新書＊日本抗生物質学術協議会『ペニシリン絵物語：図説科学叢書　微生物編10』長尾研究所

その他（第二次世界大戦共通）

＊ジョン・コルヴィル著、都築忠七訳『ダウニング街日記』平凡社＊ピーター・パレット／防衛大学校「戦争・戦略の変遷」研究会訳『現代戦略思想の系譜』ダイヤモンド社＊*The World Almanac of World war* II, Pharos Books, 1986 ＊ Len Deighton, *Blood, Tears and Folly*, Harper Collins, 1993 ＊ J. F. Dunnigan & A. A. Nofi, *Dirty Little Secrets World War* II, William Morrow & Co., 1994 ＊ K. Macsey, *The Penguin Encyclopedia of Weapons and Military Technology*, Viking, 1933 ＊ K. Macsey, *Military Errors of World War Two*, Arms & Armour Press, 1987

単行本　平成七年十月　東洋経済新報社刊

NF文庫

間に合った兵器

二〇一〇年七月十七日　新装版印刷
二〇一〇年七月二十三日　新装版発行

著　者　徳田八郎衛
発行者　高城直一
発行所　株式会社光人社

〒102-0073　東京都千代田区九段北一-九-十一
振替／〇〇一七〇-六-五四六九三
電話／〇三-三二六五-一八六四㈹
印刷・製本　図書印刷株式会社

定価はカバーに表示してあります
乱丁・落丁のものはお取りかえ
致します。本文は中性紙を使用

ISBN978-4-7698-2340-7　C0195
http://www.kojinsha.co.jp

ＮＦ文庫

刊行のことば

第二次世界大戦の戦火が熄《や》んで五〇年――その間、小社は夥しい数の戦争の記録を渉猟し、発掘し、常に公正なる立場を貫いて書誌とし、大方の絶讃を博して今日に及ぶが、その源は、散華された世代への熱き思い入れであり、同時に、その記録を誌して平和の礎とし、後世に伝えんとするにある。

小社の出版物は、戦記、伝記、文学、エッセイ、写真集、その他、すでに一、〇〇〇点を越え、加えて戦後五〇年になんなんとするを契機として、「光人社ＮＦ（ノンフィクション）文庫」を創刊して、読者諸賢の熱烈要望におこたえする次第である。人生のバイブルとして、心弱きときの活性の糧《かて》として、散華の世代からの感動の肉声に、あなたもぜひ、耳を傾けて下さい。